广西艺术学院学术著作出版资助项目（项目编号：XSZZ201709）

中西方椅子设计史

中国古典哲学视域下的椅子设计及其象征性

（前33世纪—20世纪）

农先文　著

WUHAN UNIVERSITY PRESS
武汉大学出版社

图书在版编目(CIP)数据

中西方椅子设计史:中国古典哲学视域下的椅子设计及其象征性:前33世纪—20世纪/农先文著. —武汉:武汉大学出版社,2018.2
ISBN 978-7-307-19991-0

Ⅰ.中… Ⅱ.农… Ⅲ.椅—设计—历史—世界 Ⅳ.TS665.4 –091

中国版本图书馆 CIP 数据核字(2018)第 017105 号

责任编辑:胡国民 责任校对:汪欣怡 版式设计:马 佳

出版发行:**武汉大学出版社** (430072 武昌 珞珈山)
(电子邮件:cbs22@ whu.edu.cn 网址:www.wdp.com.cn)
印刷:武汉精一佳印刷有限公司
开本:787×1092 1/16 印张:9 字数:198 千字 插页:2
版次:2018 年 2 月第 1 版 2018 年 2 月第 1 次印刷
ISBN 978-7-307-19991-0 定价:58.00 元

作者简介

农先文，法国艾克斯–马赛大学艺术学和造型艺术专业博士，现任广西艺术学院教师。

主要研究设计史和设计理论、艺术史和艺术理论、设计哲学和设计美学等。发表论文多篇，主持或参与各级项目若干项。

目　　录

第一章 绪 论

根据目前的考古发现，椅子的历史可以追溯到公元前 3000 年左右的苏美尔和古埃及。椅子在人类的发展历史上扮演重要的角色，但是，我们对椅子的历史学、科学、美学、艺术学、哲学、社会学等领域的研究足够全面吗？又足够深入吗？

法国建筑师和设计理论家欧仁·埃玛纽尔·维奥莱特·勒·杜克（Eugène Emmanuel Viollet-le-Duc，1814—1879）写了一本书：*Dictionnaire raisonné du mobilier français de l'époque Carlovingienne à la Renaissance*（《法国家具理性辞典，从加洛林时期到文艺复兴》）。他在书中说，从中世纪以来，豪华的家具和高型椅子（la chaise，la chaire，la chaière，la forme，la fourme）可以体现社会和家庭的等级制度。在那个时期，板凳和凳子等坐具是地位相对较低的人（如：孩子、妻子、群众）的专属，而高型椅子是地位相对较高的人（如：家长、国君）的专属。然而，维奥莱特·勒·杜克并没有把重点放在椅子的审美上。

中国家具史学家，如：王世襄（1914—2009），为中国家具史作出了卓越的贡献，但是他们并没有在书中谈论到中国哲学对家具的影响。西方家具史学家，如：英国学者爱德华·露西·史密斯（Edward Lucie-Smith，1933—）和美国学者莱斯利·皮娜（Leslie Pina），分析从古埃及以来各个时期的家具特点，但是他们却很少在他们的著作中提及中国家具和中国文化的影响。

因此，我们有必要继续深入研究家具史学，尤其是中国家具史学领域。本书的主要研究范围如下：（1）分析那些影响家具设计的因素，如：哲学、美学、科学、历史事件、重要人物的思想等。（2）论述中国家具和西方家具之间的影响。中西文化交流从汉代的宗教活动和商品流通开始，此时形成第一条陆上丝绸之路。到文艺复兴时期（明朝），商品流通和文化交流活动更加频繁。到 20 世纪，中国西方国家主要以商品流通、书籍进出口、参观和学术交流（如中国学生到西方国家学习）等方式进行交流。随着中西文化得以交融，中西家具也因此而互相产生影响。

一、椅子的魅力

在柏拉图（Plato，前 427—前 347）的《理想国》里，苏格拉底（Socrates，前 469—前 399）和他的朋友们围坐在椅子上进行谈论，柏拉图还提出椅子的"形"和"制造"的问题，也提出了"模仿"（Mimesis）的概念。德国哲学家路德维希·维特根斯坦（Ludwig Wittgenstein，1889—1951）在他的书《逻辑哲学论》（*Tractatus Logico-Philosophicus*）中，多次把椅子作为逻辑演绎的例子。从形式到逻辑，人们可以赋予椅子这个媒介双重意义：一个是物质性意义，另一个是非物质性意义。

"椅子"是本书的中心词。从物质角度来看，这个词至少有两个属性。其中，第一个属性是椅子的普遍性：它由一张凳子和一个靠背构成。这个意义用于日常生活中。第二个属性是坐具的总称：凳子、椅子、扶手椅。椅子可以是艺术性的（即艺术作品中的椅子）、文学性的（文学作品中对椅子进行拟人化描写或者感情抒发），也可以是象征性的（如：宝座、王座等象征皇权）。因为当"椅子"被引入不同的艺术作品中时，人们经常赐予它一个代表性的角色：代表某个人的位置，并在此基础之上，或者赋予它象征性的角色：象征主人的身份、地位、审美。在所有的坐具中，作家和艺术家更倾向于选择"椅子"作为作品的构成因素（之一），因为这种物质介入能够表现非物质的含义（如：象征或者代表），而非物质含义又能够体现作品的特征。①

在法语里，"椅子"这个词可追溯到中世纪。那时，人们用拉丁文"Cathedra"表示今天所说的"椅子"。"Cathedra"这个词来源于两个词：Katha（down）et hedra（seat）。②

在英语中，"椅子"则是"Chair"。这个英语单词可以分化出两个词：chairman［法：Président，汉：（男）主席］，Chairwoman［法：Présidente，汉：（女）主席］。在汉语中，"主席"的"主"意指"主人"和"主要"。"席"指"位置"或者"席位"。"主席"指"主人的席位"或者"主要的席位"。

自从椅子传入古代中国，它先后被赋予了几种称谓。比如，首先是"胡坐"（意指：西方的坐具）。后来人们把它叫做"倚子"，意思是说椅子是一个让人体坐并倚靠的物体。在这个意义里，"倚子"有两种功能：一是坐，二是靠。从公元5世纪起，"倚子"被"椅子"所代替。用"木"代替"亻"，人们在"椅子"的基本功能"坐"的基础上指明了"椅子"的"木质材料性"。虽然"倚子"和"椅子"读音相同，但是它们所包含的意义却不同。

法国中的单词"Mobilier"和英语中的单词"Furniture"与汉语中的"家具"一词相对应。"家具"泛指在家中使用的器具或者工具。然而，在中国文化里，"家具"并不泛指家中使用的器具或者工具，而是特指在家使用的坐、靠、睡、吃、置物的器具，把家庭劳动所使用的工具排除在外。

以下词汇对比表（见表1-1）能让我们更好地对比与家具有关的英语、汉语、法语词汇的异同。

---

① 很显然，艺术家画（或者是造）一张"椅子"，目的是通过"椅子"这个物质媒介表现精神层面的意义。

② The Architectural League of New York. 397 Chairs. New York：Harry N，Abrams Inc，Publishers，1998，p. 8.

表 1-1　与椅子有关的法汉英词汇对比

法语	汉语	英语
chaise	椅子	chair
tabouret	凳子	stool
fauteuil	扶手椅	armchair
banc	长凳	bench
canapé	沙发	sofa
siège	座位	seat
(s') asseoir	坐（下）	sit（down）
appuyer	倚靠	lean（on）
mobilier	家具	furniture
meuble	家具	furniture
meubler	配备家具	furnish
président	主席	chairman
présidente	（女）主席	chairwoman
place	地方，地点，位置，场所，地位	place
pouvoir	能够，能力，能量，权力，威信，威望	power
position	位置，处境，身份，立场，姿势，阵地	position
autorité	权力，当权者，权力机关，威信，威望	authority
humanité	人性，人道，人文科学	humanity

　　以上词汇表向我们展示了两个基本问题：（1）"座位"（包括凳子、椅子等）可以意指许多事物；（2）与"椅子"有关的法语和英语词汇可以与汉语中的许多事物相对应（即，一词多义）。这两点把我们引向"物品"与解释物品的"词汇"两者之间的联系，也就是语言与物质性之间的联系。

　　既然要谈语言逻辑学，我们有必要引用语言逻辑学的奠基人之一德国哲学家路德维希·维特根斯坦的几句话①：

　　　　The name means the object. The object is its meaning.（名称意指物体，物体是名称的意思。）

　　　　States of affairs can be described but not named.（事态可以被描述，但是它们不

　　① Ludwig Wittgenstein. Tractatus Logico-Philosophicus（影印本）［M］. 北京：中国社会科学出版社，1999：47.

可以被命名。）

　　Only facts can express a sense，a class of names can not.（只有事实可以解释一个意义，一系列的名称不可以这样做。）

　　根据路德维希·维特根斯坦的思想，我们可以提出以下猜测，以扩展我们的思考范围：

　　（1）"椅子"这个词确定椅子这个物体。既然"椅子"这一个名称是非物质性，而椅子这个物体是物质性，我们就可以说：椅子是其名称的物质外形。换言之，是物质性解释非物质性。此外，物质性也可以提出"存在"的问题，包括：椅子的存在，或者它的名称的存在。

　　（2）与椅子有联系的方面可以被描述，但是它们不能被命名。与椅子相关的个人方面，例如身份、地位、权威、审美、行为、历史等可以被描述（或者叙述），但是它们不能被命名为"椅子"。例如，皇帝的宝座可以体现皇帝的权威，我们可以围绕着皇帝的宝座来谈论皇帝的身份、地位、政权、审美、行为、历史等，但是这些方面的任意一项都不能被命名为"椅子"（我们可以说，皇帝的宝座象征皇帝的身份、地位和权威，但是我们不可以把"皇帝的权威"称为"宝座"）。

　　（3）只有事实可以解释一个意思，那些名称，例如，"凳子""椅子"不能这样做。皇帝的身份、地位、权威、审美、行为、历史可以说明某一个问题，如：他是一个明君；又如：他是一个暴君。但是"皇帝的宝座"这个名称并不能说明"他是一个明君"或者"他是一个暴君"。

　　路德维希-维特根斯坦关于语言、物体和事实三者之间的关系的逻辑关系，激发了笔者对以下几对关系进行思考：语言与坐具的关系、人类的思想与坐具的关系、坐具与它的意义的关系、坐具和与之相关的事实的关系。在这些关系中，最基本的关系是物质性与非物质性之间的关系。

二、分　　析

　　路德维希·维特根斯坦说，世界是事实的整体，而不是事物（物体）的整体。也就是说，事实构成世界，因此构成历史，然后影响物体。我们可以说，一个实用的坐具是社会事实的反映，或者说，它是认识世界的对象。因此，为了深入对坐具的分析，有必要谈论与坐具相关的个人和社会历史、经济、政治、文化、审美、哲学、设计概念和艺术等。因为家具是在一个特定的社会环境和特定的历史时期里制造出来的。历史背景的差异性和特殊性带来不同物体设计观念，这是很显然的。一个时期的造物应该与当时的社会背景相呼应。为了证明这一点，我们来看以下的例子。从 1660 年起，法国启蒙运动开始了。这个运动被称为：Le Siècle des Lumières（英：The Enlightenment）。法语单词"Lumière"的意思是"光线、说明、明白"；英语单词"Enlightenment"的意思是

"启发、教化、开导";中国人称这个运动为"启蒙运动"。从法语和英语的表达中可以看出，人们积极地思考，想考察这个世界的发展的道理，热情地追求光明和希望。因此，这个时期也被称为"理性时代"。洛可可风格（Rococo）于1720年左右在法国发展起来，它是"理性时代"（l'âge de raison）的艺术产物。洛可可风格比巴洛克风格更为"理性"，而且受法国女性沙龙活动的影响，洛可可风格的家具还具有女性美：装饰细节和结构更精美，采用大量的曲线。当启蒙运动于18世纪后半叶结束时，洛可可风格也被新古典主义风格取代。而新古典主义风格是另一个新时代背景的文化产物。例如，古埃及人就没有制造舒适的洛可可风格椅子，因为当时没有相应的技术水平，也没有相关的社会背景和审美观念。

三、哲　　学

哲学是影响设计观念的最重要因素之一，从古至今，这一点一直不变。在西方，苏格拉底和柏拉图哲学是影响造物观念和艺术观念的里程碑。在中国，这个里程碑则是老子和孔子的哲学。

关于历史与哲学的关系，中国哲学史学家冯友兰（1895—1990）这样论述：

> 上谓一时代之情势及其各方面之思想状况，能有影响于一哲学家之哲学。然一哲学家之哲学，亦能有影响于其时代及其各方面之思想。换言之，即历史能影响哲学；哲学亦能影响历史。"英雄造时势，时势造英雄"；本互为因果也。一时代有一时代之时代精神；一时代之哲学即其时代精神之结晶也。研究一哲学家之哲学，固须"知其人，论其世"；然研究一时代或一民族之历史，亦须知其哲学。培根曾说：……叙述一时代一民族之历史而不及其哲学，则如"画龙不点睛"……研究一时代一民族之历史而不研究其哲学，则对于其时代其民族，必难有彻底的了解。"人之相知，贵相知心"；吾人研究一时代一民族，亦当知其心。故哲学史之专史，在通史中之地位，甚为重要；哲学史对于研究历史者，亦甚为重要。①

我们可以从冯友兰先生的论述中总结出几点：（1）历史与哲学互相影响；（2）各时期有各自的哲学；（3）欲彻底了解各时期的历史，应了解该时期的哲学。哲学对设计观念和艺术观念也产生重要的影响，在笔者看来，不涉及哲学的设计和创造是没有意义可言的。

虽然我们已经论证了人类历史和哲学确实互相影响，但是我们还需要思考关于时间性问题：人类的历史和哲学的历史是否平行发展？这两门历史是否与造物观念平行发展？

---

① 冯友兰. 中国哲学史（上）[M]. 上海：华东师范大学出版社，2013：9-10.

每一个时代有它自己的哲学、自己的设计观念和自己的艺术。哲学和家具并不完全平行发展的，也存在一些对立性因素：横向性和纵向性、当代性和非当代性、时间性和空间性。我们可能受过去的哲学和艺术的影响（时间的纵向性），也可能受当代的哲学和艺术的影响（时间的横向性），也可能受西方或者中国的哲学和艺术的影响（空间性）。例如：老子的"无为"观念，首先是运用于政治，但是，长期以来，这个观念一直影响中国的造物观念。"无为"观导致"简单性"的造物观，这种造物观符合老子的"自然主义"的思想。这个例子说明了哲学影响的时间"纵向性"与学科之间的"横向性"。

老子的"无为"观也体现在 20 世纪的 Ready Made 艺术中。因为西方的前卫艺术家们在他们的艺术作品中直接使用制造好了的，并且使用过了的物品。如法国艺术家马赛尔·杜尚（Marcel Duchamp，1887—1968）的作品《单车轮》（*Roue de Bicyclette*，1913）和《尿槽》（Urinoir，1917）。从日常生活的角度来看，一个使用中（或者使用过）的尿槽已经是一个自然物。前卫艺术家是否想回应"自然主义"？这个例子并不想论证老子的哲学和前卫艺术作品的关系，但是，在同一个地球上，这个观念的非时间性交叉点（老子哲学产生于公元前 500 年左右，而前卫艺术产生于公元 20 世纪早期），绝不是一个偶然性。所有这些非时间性杂交现象构成一个全球的文化网。一切都在这个网里产生和发展。

现在我们可以得出一个结论：如果我们分析一件历史性家具时，没有结合我们在上文所提及的影响造物观念的因素——社会和个人历史、经济、政治、科学、文化、审美、哲学、设计观念和艺术等，这个分析将是一棵没有根的树。

四、功能与政权

皇家坐具的根源可以追溯到古埃及的宝座（约前 3100—475）①。由椅子演变成的宝座是国家领导的专利，禁止平民百姓上坐。从椅子出现一直到 19 世纪，宝座的座位（座板）把社会分成上下两个等级。我们要提出一个问题：如果没有古埃及皇权这个等级社会里最高的阶级，或者，如果他们不想展示他们的政权。古埃及还会有椅子出现吗？回答是肯定的，但是，毫无疑问，椅子的出现一定会推迟。而且椅子的造型演变过程将会不同，人类赋予椅子的意义也会有一定的差异。

椅子已经有五千多年的历史，在人类的演变历史过程中，椅子随着诸多因素的演变而演变，这些因素包括："政治权力、经济权力和宗教权力，以及艺术、认知、审美感受，最后还有工业。"② 椅子的演变反过来也反映了自从法老统治的埃及以来的社会压力、经济压力和文化压力。③得益于考古工作者的发现，我们知道埃及王后艾特普-希尔

---

① Patricia Bueno. Chaise chaise chaise［M］. Barcelone. Atrium Group, 2003, p. 13.
② Patricia Bueno. Chaise chaise chaise［M］. Barcelone. Atrium Group, 2003, p. 13.
③ Patricia Bueno. Chaise chaise chaise［M］. Barcelone. Atrium Group, 2003, p. 13.

斯（Hetep-Heres）生活在豪华的环境中，因为她拥有一把扶手椅、一顶轿子、一个头靠和一个可以折叠的华盖。①这一家具财富首先得益于埃及的经济繁荣，同样得益于当时埃及人的艺术创造能力。

自从它诞生以来，椅子作为当时社会的十字路口而发展演变：从物质角度和造型角度来看，椅子适应于当时的政治环境、经济环境和文化环境，它表现了社会意识形态、社会思想和社会审美观。与任何其他坐具相比，把椅子当作社会改变的"晴雨表"来看待是最有说服力的。②

与古埃及不同，根据帕特里夏·布宜诺（Patricia Bueno），在西方国家里，自从公元前4世纪到公元前1320年，坐在坐具上的优先权改变了：精心制作的椅子留给皇家、高贵的人和官员们使用，而凳子则留给其他阶级使用。然而，后者却没有完全改变"蹲下"的习惯。人民百姓有权坐在一张凳子上，但是凳子比椅子矮，这意味着人民百姓的地位是相对低下的。③

椅子的造型继续随着不同时期的政治影响而演变，为了示威，掌握政权的人希望椅子完全可以代表他们的权威、权力、身份以及他们特别的审美品位。例如，从椅子的造型来看，在美索不达米亚的文化里，带有直挺而僵硬后背的椅子代表严厉的主人的神圣权力——皇权。

19世纪早期的欧洲，椅子在普通阶层普及，这得益于工业革命的发展。

在中国，坐在椅子上，同样是掌权人的特权。例如，皇帝的宝座是皇帝的特权，宝座被称作"龙椅"。我们可以看清朝雍正皇帝（1678—1735）的画像（见图1-1）。这张画像是由意大利传教士郎世宁（Giuseppe Castiglione，1688—1766）所作。这位教士于1715年来到中国，为中国的皇家绘画。他在中国的绘画工作历经康熙（1661—1722）、雍正（1723—1735）和乾隆（1736—1795）的统治时代。"龙椅"配有特别高的后背，它直指向天，皇帝（龙）自称"天子"，自然而然，中国人都是"龙的传人"（见图1-1）。

椅子自传入中国以来，无疑改变了中国人的生活。中国人跪坐在地上的传统和习惯逐渐改变，社会等级制度也随之改变。到20世纪早期，中国的等级社会达到高峰阶段。虽然，1911年，由孙中山（1866—1925）领导的革命推翻了清朝政府，但是中国的等级制度没有被完全推翻。既然20世纪上半叶，中国家具方面没有出现任何新风格，我们只能说人们还在使用"古代椅子"。虽然人们在新时代里使用"旧椅子"，然而这把"旧椅子"已不再扮演它的重要的"旧角色"。宝座所代表的"权力魅力"成为宝座的影子。这既是椅子普及化的结果，也是寻求新中国发展道路的结果。从此，椅子的意义变为个人化、艺术化。例如，某一张椅子可能代表某个人的思想或者述说某个人的历

---

① Patricia Bueno. Chaise chaise chaise ［M］. Barcelone. Atrium Group，2003，p.13.

② Charlotte & Peter Fiell. Moderne chairs ［M］. Cologne：Taschen，2002，p.8.

③ Patricia Bueno. Chaise chaise chaise ［M］. Barcelone：Atrium Group，2003，p.14.

图 1-1 雍正画像，郎世宁，18 世纪

史，或者，由于这个代表性和述说功能而被艺术家引入艺术作品中，如绘画、雕塑、装置等。

五、坐具的象征

所有那些影响坐具设计的因素，以及那些影响带有椅子艺术作品的因素，构成了坐具存在的社会背景。但是这些因素并不能构成坐具的象征性。一旦一张宝座完成了，或者一张带椅子的艺术作品完成了，这张坐具就立即变成了一件独立的物品，它可以象征一些事实。

从历史角度来看，在整个坐具的发展进程中，坐具的造型不断演变，但是它的象征性含义依然保持不变：位置、政权、权力、地位、身份、自由、和平、民主等等。例如，宝座（即使是旧宝座）依然扮演"政权象征"的角色。至此坐具的含义清单还没有完成，人们可以不断丰富坐具的含义。

第二章　哲学与设计

一、中西思想发展的平行性

我们怎能只看一个漂亮的宝宝，而不看那个抱着宝宝的妈妈呢？同样的原则，我们怎能只看家具史，而不看影响它的哲学？正如我们在绪论中提到的一样，中国哲学史学家冯友兰先生（1895—1990）一定会同意以上的观点，因为他认为，要想全面和深刻地了解一个时期的历史，必须先了解这个时期的哲学。以上的观点和历史事实都证明了一个观点：物品和家具的设计和制造总是或多或少地受到哲学思想的影响。（至少）在20世纪之前的中国，由老子（约前571—前471）和孔子（前551—前479）建立的哲学体系一直影响和指引着实用物品的制造和艺术作品的创造。

在西方，由苏格拉底和柏拉图建立的哲学体系已经影响了人们的生活方式。中国美学家朱光潜先生曾经在英国和法国学习美学。他认为，在柏拉图的"理想国"里，在社会上享有高等地位的哲学家们引导其他地位较低下的阶级的思想和生活。这些阶级包括：战士、农民、工人和商人。①在《理想国》的第十部里②，苏格拉底谈论"模仿"（Mimesis）问题，他认为，上帝创造唯一"形式"，人类都是模仿上帝所造的"形"来造物的。比如，上帝创造了"床"的唯一"形式"，手工艺人根据这种"形式"制造其他"床"。根据这种理论，椅子也只有一种"形式"，家具师们都要模仿这种"形式"来制造其他"椅子"，画家们则模仿手工艺人所造的"椅子"来绘画。在柏拉图的思想里，手工艺人和画家都是模仿者（我们将在书中某些章节里谈到这个有意思的观点）。

在中国，《道德经》第四十二章里说："道生一，一生二，二生三，三生万物。万物负阴而抱阳，冲气以为和。"第四十章里还说："天地万物生于有，有生于无。"从"一"到"万"，从"无"到"有"，这是老子的世界起源论。老子应该不会同意苏格拉底的"上帝创世论"。老子和孔子都是无神论者，他们应该和达尔文站在同一条战线上，一致认为：人在劳动中探索并创造了事物的形式，如：椅子的形式。与苏格拉底的

---

① 朱光潜. 西方美学史［M］. 江苏：凤凰出版传媒集团/江苏文艺出版社，2008：41.
② Platon. La République［M］. Paris：Gallimard，1993，pp. 492-497.

观点相比，老子的观点则显得更加抽象，难以理解，但又意味深长，耐人寻味。世人似乎明白了但又总能找到新的理解。

虽然中西哲学的某些观点不一致，但总体上，两者之间存在着一定的平行性。冯友兰先生认为，孔子的历史角色与苏格拉底的历史角色相呼应；孟子（约前372—前289）与柏拉图相呼应；荀子（约前313—前238）与亚里士多德相呼应。冯友兰先生没有把老子列入对比行列中，因为，他认为老子的真实身份有待历史资料的证实。笔者认为，老子比孔子年长，平时不显山露水，也不像孔子到处讲学。他的思想可以对应苏格拉底和前苏格拉底派。因此，我们完全有理由让中西方哲学进行直接"对话"（见表2-1）。

表 2-1　中西哲学史的平行性

西方哲学	中国哲学
苏格拉底	孔子 《论语》，由其门人整理成书
柏拉图 （苏格拉底的弟子） 为苏格拉底著《理想国》	孟子 著《孟子》等
亚里士多德 （柏拉图的弟子） 著《形而上学》等	荀子 著《荀子》等

二、中国哲学在设计中的必要性

不管在和平年代还是在战争年代，中国哲学都扮演一个重要的角色。哲学应该融入设计中，为此，我们有5个重要的理由：

第一个理由。老子和孔子亲身面对由战争带来的问题，这些苦难促使他们在战争年代建立哲学，希望这些思想能救国救民。在《道德经》第三十章里，老子说："大军之后，必有凶年。"老子认为战争是一种毁灭性的暴力行为，这种行为最后会造成一个灾难。他还认为一个有"道"的人只在有必要自卫的时候才使用武器，而且他不会向对方示威与恐吓。西方的汉译书里，这个观点并没有得到全面的翻译。例如，在 *Philosophes Taoïstes*（《道家哲学》）一书中，作者把老子的话翻译成："Cette manière d'agir entraîne habituellement une riposte."① （这种行为方式通常会引起一个反击）显然，这个译本并没有全面表达老子的意思。中国哲学无疑是为人类创造"好"而不是"坏"而进行的哲学研究。同样，中国家具师们是为了给人类带来"好"而不是"坏"而进行家具研究。

第二个理由。由老子和孔子建立的哲学并不是一种宗教信仰，是有宗教信仰的人借用"道"和"儒"的思想（我们将在另一个部分讨论这个问题）。老子和孔子都是无神论者，不是理想主义者，而是唯物主义者。在关于他们的思想的文章里，从来没有出现"神"的思想。毫无疑问，中国哲学拒绝迷信，它主张人在宇宙中扮演重要的角色。人应该跟随"道"义。设计与艺术是人类思想的再现，应服务于人类。

第三个理由。老子和孔子以一种间接的方式参与政治活动。具体来说，他们培养弟子，其中一些弟子可能成为政治家，他们带着老子和孔子的思想进行执政。这两位祖师认为，有"道德"的政治应该反过来教育人类。这就是为什么孔子认为他的传学是一种"政治"。这个观点可见于《论语》的第二十一章。作为人类思想的再现，一个实用物品，例如一件坐具，也可以成为一种"政治"，反过来"教育"和"影响"人类社会。这就把我们引到了设计的"教育功能"问题、社会道德问题和社会建设问题。

第四个理由。虽然《道德经》的第一章指出："道"无名（我们将在另一章里谈论"道"的名），然而，"道"却可以运用于所有领域。"道"是万物之母，玄妙而又玄妙，它是宇宙万物玄妙变化的源头。老子用一个抽象的、宽阔的、深奥的定义打开他的哲学思想之门。暗示"道"等待我们在各个领域中对它进一步探索、发展和修改。因此，我们完全有必要把"道"融入物品的设计与生产和艺术的创造中。

第五个理由。《道德经》第四十二章特别指出，"道"要求社会和谐，它可以产生万物。"万物"则包括设计与艺术观念，如"空"的概念（中外学者已经对"空"的概念进行深入的研究）。老子已经警告我们，必须年复一年地学习"道"，才能真正理解"道"的含义。老子也为人类指明了通过物质化方式来实现"道"的思想方向。物质化活动包括生产和创造。也就是说，这些哲学思想已经融入我们的设计理念里，当我们生产或者创造一件物品的同时，我们也实现了"道"的思想。可以说，这是哲学思想的物质化过程。

因此，笔者想把中国哲学与西方哲学一同带进我们的讨论中，目的是从中国哲学思想的角度来看历史上的坐具，发现中西坐具设计与文化的异同点。此外，在谈论哲学的同时，也让我们在古老的话语中领悟古代哲人的建议和永恒的原理，有助于我们在越来越复杂的社会中找到自己的位置。自"轴心时代"以来，大部分人所追求的不正是一个属于自己的位置吗？

---

① LAO-Tseu (Laozi 老子), Tchouang-Tseu (Zhuangzi 庄子), Lie-Tseu (Liezi 列子). Philosophes taoïstes ［M］. 译注：Liou Kia-Hway et Benedykt Grynpas, 审阅：Paul Demiéville, Etiemble et Mas Kaltenmark, Paris：Gallimard, 1989, p. 33.

三、关于"道"的理解

(一)"道"的定义

中国和西方的哲学家们大量地讨论了"道",但他们很少给出一个明确的定义。似乎,神圣的"道"是很难理解的,甚至是不可理解的。为了使我们能更加容易理解"道",我们有必要以简单明了的方式对"道"的定义进行一番深入的研究。

首先必须承认,"道"这个术语并不是单义的,而是多义的。正因为它的多义性和抽象性,"道"的定义才很难明确化。我们首先来看一看,关于"道"的词汇的定义。确实,法语单词"Voie"既意指"道路",也指"方法"。汉语中的"道"也意指现实中的"道路"。但是,在老子的哲学思想中,"道"并不意指我们用于行走的"道路"。而是一个覆盖了整个宇宙的完整的体系。也就是说,在提出"道"这个名称之后,把它当成一个永恒的支点,然后提出可适用于各个领域的原则、教义。在《论语》的《为政》篇中,孔子说:"视其所以,观其所由,察其所安,人焉瘦哉?人焉瘦哉?"(观察一个人,要看他做事的动机和居心,察看他做事的路径、方法,观察他做事的情趣和意态。那么,这个人还能隐瞒到哪里去呢?这个人还能隐瞒到哪里去呢?)在这一篇中,孔子提出了三个哲学基本问题:理由——为什么做;方法论——怎样做;结果——做了什么(做得怎样)。通过这几句话,孔子已经指出一条科学化和理论化的完全的"道";也可以说,一条哲学之"道"。在《里仁》里,孔子说:"闻道,夕可死矣。"从这句话里,我们不仅看出"道"的意义,还可以看到掌握哲学整体的困难性。

而老子为了强调他的思想体系的重要性和必要性,他用一个神奇的名字"道"来为他这个体系命名。虽然老子的"道"不直接意指"道路",这并不是说哲学概念的"道"与物质概念的"道路"没有任何关联。哲学天才老子明智地引用了"道路"的内涵,证明对"道"的敬仰或者说对哲学的敬仰是唯一永恒的道路。这条"道路"引领我们人类走向成功或者荣耀。我们得出结论:与哲学一样,"道"是一切,"道"无处不在。

以上的推理把我们引向一个很难回答的哲学问题,一个哲学家们很少解答的问题。既然我们很难确定"道"的意指,那么,我们可否用另一个概念来替换"道"?我们要提出的问题是:"道"可否与西方术语"哲学"画等号?显然,"哲学"的定义和"道"的定义一样难以得到确定和统一。在老子和孔子年代,人们没有找到像"哲学"这样的术语来定义一些抽象的但又无处不在的道理(或者真理)和教义。老子用了一个新名字"道"来表达重要的基本的"思想"和"理由"。笔者认为,也只有这些"理由"(或者真理)和思想,即"哲学"(这里讲的"哲学"是指老子和孔子年代的"哲学",它是自然科学、物理学、人类学等多学科的统一。当代讲的"哲学"已经与自然科学、物理学和人类学分开,它主要是指人文思想),才可以产生万物,而且"哲学"是永恒存在于万物中。既然，老子的思想包括了"哲学"的三个重要方面（上面已经论证）：理由、方法论、结果，还包括了世界观。简而言之，老子的思想是对整个世界的把握，这一点与西方的"哲学"研究范畴是一致的。因此，笔者认为，老子的"道"可以与西方的"哲学"有相通之处，至少是部分相通。

（二）"道"融入艺术与设计

既然"道"与"哲学"相对应，且"道"无处不在，"道"融入艺术与设计领域的可能性和可行性不应该受到质疑。如果我们仅仅对"道"产生象征性的或者乌托邦式的敬仰之情，"道"的真正功能将遭到掩藏，"道"将在艺术和设计中不可调和，以致无法实现。老子提出了一种宇宙观，笔者认为他并不想以此来建立一套仅仅用来看或者仅仅用来喜欢的"哲学"，而是要建立可以演绎、发展和应用于整个宇宙中各个领域的"哲学"或者"科学"。艺术与设计也因为"道"的融入而找到或者开发了新的"道路"。现在，我们更加明白，为什么说：哲学"拥抱"（或者影响）艺术和设计，正如，妈妈"拥抱"（或者影响）她的孩子一样。难道，这一点可以动摇吗？

四、"道"的演变问题

（一）从"道"到"德"

与"道"这个概念一样，"德"这个概念在不同的环境下有各种不同的意义和演绎：艺术、社会生活、经济、政治、伦理、教育等。在一般情况下，我们坚信依"道"而为的人有"德"。我们来看一个简单的例子，尊重他人的隐私被称为"德"。一个不透露他人的秘密的人，我们把他称为"有道德的人"。"道"是指导思想（或者态度），"德"是带着"道"思想来行动的结果。

接下来，我们把"道"的演绎应用于创造一个实物的实践中。

（二）"道"在造物中的演变

不管是实用物品还是艺术作品，当一个物品完成时，它是设计师、制造师或者艺术家的工作结果。它既标志着制造过程的结果，也标志着使用过程或者欣赏过程的开始。设计过程包含绘图和修改活动，而使用过程或者说欣赏过程牵涉以下行为和态度：看、触摸、欣赏、喜欢、保存、收藏，或者还牵涉讨厌，甚至是丢弃。如果一个物品可以拥有一个自己的"生命"，这个"生命"将可以演绎成如图2-1所示。

这个图示清晰地展现出两个过程：（1）设计和制造过程。其参与者是设计师和制造师。（2）使用或者欣赏过程。其参与者是使用者或者观众。一件完成的物品只有在它被使用或者欣赏的时候才有意义。一件物品的意义根源就是在设计过程和制造过程。从中国哲学的角度来看，正是在这个过程中，"道"指导所有人类的行为，并因此而激

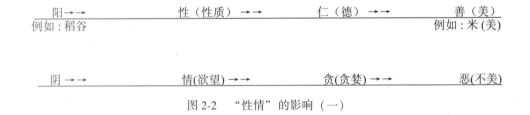

图 2-1　物品的设计过程、制造过程和使用过程

活了物品的"生命"，完成的物品则是"德"的物质表现。

　　我们前面说过，"道"包含 3 种范畴：天道、地道、人道。这 3 种范畴构成宇宙（或世界），人被置于宇宙的中心。中国美学家刘纲纪先生在他的书《艺术哲学》中谈到艺术与"道"之间的关系。根据他的说法①，在"道"上，人所获得的"伦理经验"是很重要的，它帮助人建立"个人性情"。后者在"道"中扮演一个决定性的角色。哲学家刘纲纪的观点不够清晰，我们无法理解其逻辑。但是，我可以借用他的"性情"这一观点，因为"性情"在物品的实现过程中扮演重要的角色。

　　中国古代哲学家董仲舒（前 179—前 104），在"性情"方面，他融合了中国古代的 3 位哲学家的思想：孔子、孟子和荀子。根据董仲舒的观点，我们可以为"性情"做一个演示图，如图 2-2 所示，图示中的两条线是平行发展的。

阳→→	性（性质）→→	仁（德）→→	善（美）
例如：稻谷			例如：米（美）

阴 →→	情(欲望) →→	贪(贪婪) →→	恶(不美)

图 2-2　"性情"的影响（一）

　　首先，"阳"产生"性"；"性"可以产生"仁"，"仁"是美的。例如，"稻谷"未定性为"好"，尽管"稻"中的"米"是美的。从人类的角度来看，为了使我们的"性"是"美的"，必须在我们的自我发展过程中通过学习来改善"性"的品质。其次，"阴"产生"情"，即欲望，"情"可以产生丑恶的贪婪的东西。根据董仲舒，为

———————————
① 刘纲纪. 艺术哲学 [M]. 武汉：武汉大学出版社，2006：539-540.

了让我们成为一个有"道德"的人,"性"必须控制"情",不让"情"向坏的方向发展。

汉语中有一个成语——"修身养性"。"情"是一种反应,是"性"的反映和演绎。在从艺术到"道"的过程中,"性情"是怎样发展和施展他的影响呢?刘纲纪先生认为,第一个因素是"诚",它牵涉到第二个因素:"养气"。在"养气"的过程中,个人的"德"得于实现。

根据刘纲纪的思想,我们可以做一个演示,如图 2-3 所示。

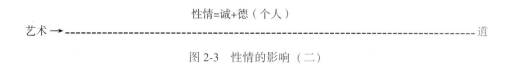

图 2-3 性情的影响(二)

虽然图 2-3 说明了"道"在艺术创造过程中的演变,也说明了一些有意思的事情,但是从演变过程和专业术语的角度来看,这个图示并没有很强的说服力。首先,我们怎能直接从"艺术"开始呢?事实上,在设计的开始,我们是从最初的想法开始的。这些想法并没有构成"艺术品"或者"设计品"。

其次,"道"是无形的,看不见的,但是它可以应用于"艺术"和"设计"中(我们之前已经论证了这一点)。"艺术"和"设计"包含了一些具体的因素,如:思想、想法、观念等。完成了的物品是可见的,它是人类思想和观念的具体化。换言之,完成了的物品是"道"的具体化、物化和实现。这个物质再现体有一个名字,叫"德"①,此为老子的哲学术语。

由此,引出造物的两个阶段:造物的第一个阶段:从最初的想法到最后形成的概念(道)。造物的第二个阶段:把这个(这些)概念(道)实现成为可见的物品,即:从观念到"德",或者说,从"道"发展到"德"。这两个阶段构成了一个完整的造物过程。在这一过程中,"诚""性情"和审美不间断地合作和发生作用。关于"道"的具体化过程,我们可以做演绎图,如图 2-4 所示:

最初的想法→最后的观念(画或者图)→→→→→→完成的物品(德)

道 = 哲学

性情 = 诚 + 得来的"道" + 观点审美

图 2-4 从"道"到"德"的演变

① 在今天的通俗用法中,我们用一个词"道德",这个词显然意指"德"。但是这个用法既没有分清从"道"发展到"德"的过程,也没有区别"道"与"德"这两个概念。

我们还有一个问题要解决。如果观念以可见的图画形式存在，那么，图画本身是否属于"德"的范畴？为此，我们必须回到现实中。一般来说，做设计目的是为了把设计观点具体化成为一个物品。原则上，设计图是项目的萌芽，也是描绘观念和想法的语言。换言之，在整个设计过程中，我们寻找可见的语言，如：线、点、面、颜色等。这些因素可以具体化我们的不可见的思想和观念，这个具体化的结果（设计图）也属于"德"的范畴。但是，这只是一个具体化的过程。因为，这些（绘画）语言仅仅提前描绘和提前表达我们"想要的物品"的内容与形式，而把不可见的观念具体化成"想要的物品"才是该项目的最终目标。

五、创作和生产过程的问题

在当代艺术中，创作和生产过程是非常重要的，如果不考虑这些，我们的作品分析就很难完善，尤其是从 20 世纪 50 年代起，美国行为画家杰克逊·波洛克（Jackson Pollock，1912—1956）就非常重视创作过程，并付诸实践，如创作了黑色绘画作品 *Dripping*。通过了解艺术家在创作过程中所迸发出来的激情，观众可以明白作品的内涵也体现在创作过程中，而不只是在于创作的画面效果。我们讨论"过程"问题，目的是简化和引导我们对实用坐椅和艺术坐椅的分析。在创作和生产过程中，"性情"仅是众多影响因素之一，还必须有别的因素。因此，我们得触及两组不同系列的词汇：行动和反行动，内部和外部。

在人的外部世界，有许多不同的有影响力和可激起灵感的事态。比如：人们的不同的审美品位、个人的或社会的活动、文化活动、政治活动、科学活动、哲学活动等。所以，外部元素可以统称为社会行为（行动）。

在人的内部世界里，有许多从外界获得的经验（性情），比如：诚、德、审美。当人面对自身以外的世界时，人可能对某个社会行为（行动）产生某种感觉。人的深刻体会可能会导致人本身有必要向这个事件做出反应，这种反应的方式可以是创作一件艺术作品，或者设计一件物品。根据法国哲学家米歇尔·格林（Michel Guérin），人所需要的必要性是"作品的本质"①。格林先生把创作的"必要性"和作品的"本质"联系在一起。这就要求设计师和艺术家首先在最初的外部元素中找到"价值点"，"价值点"是创造（创作）作品的必要性，也是作品的本质。

创作过程也是对社会行为的反应过程。中国美学家刘纲纪也同意构成主义画家瓦西里·康定斯基（Vassily Kindinsky）的观点，后者认为艺术作品不是别人，而是现实的反映，艺术家的外部必要性也来自现实。② 笔者在本书中也持同样的观点。

现在，我们进入创作和生产过程中。德国艺术家约瑟夫·博伊斯（Joseph Beuys，

---

① Michel Guérin. Qu'est-ce qu'une œuvre？［M］. Arles：Actes sud，1986，p. 34.
② 刘纲纪. 艺术哲学［M］. 武汉：武汉大学出版社，2006：30.

1921—1986）在一次专访中说：

> 事实上，（创作）并不是简单而自由地产生一些东西和流露出个人的东西。人们能流露出一些东西，显然这是可能的，但是，必须审查这个过程。审查时，我会说："好，从我身上流露（表达）出一些东西了，但是，这些东西有价值吗？"[①]

约瑟夫·博伊斯想说的是，艺术家在创作过程中寻找艺术价值。但是，面对即将进入作品的众多元素时，我们怎能评判什么是有价值，什么是没有价值的呢？这就是艺术家所面临的困难。笔者以为，创作的过程是审查相关元素的过程，即从这些元素中挑选出与艺术家想在作品中表现的本质一致的元素。亦即，与作品的主题一致的元素被认为是有艺术价值的；反之，则没有价值。

找到的价值点促成了创作过程的开始，同时也要求艺术家做一个计划，包括两个系列的元素：非物质元素和物质元素。非物质元素可以包括思想、设计、预期的创造方式或者制造方式、预期的形式等。物质元素是所选择的物质材料，有时还包括展示的地点或者使用的地点。因为，不同的展示或者使用地点和空间会产生不同的语境，而不同语境会影响观众对作品的理解和审美感受。非物质元素和物质元素必须能够回应（对应）相关的社会行为（行动）。我们可以说，这种对应便是内部世界与外部世界的统一性。为了取得这个统一性，艺术家必须深入思考，在思考的过程中，个人所获取的经验（性情）发挥作用，这便是外部事态的个人主义化或者个性化的过程。把社会行为（行动）、个人感受、期待的必要性、内外统一性和个人主义化（个性化）融会贯通之后，我们可以说，艺术家的创造性思想有价值，其作品才有意义。

中国哲学术语"道"与西方哲学术语"Philosophie"（法语）、"Philosophy"（英语）相对应。虽然这两个哲学系统不同，但是，它们之间存在平行性。如果这两个系统能够在艺术和设计领域中互相融合起来，这将是很有意义的事情。

"道"与设计和艺术具有统一性。我们可以从中学到许多道理，得到深刻的体会，并把这些内容应用到具体的设计和艺术创作中。在前面几个部分里，我们已经尝试创造一个空的"道"——这是第一个创造过程，它可以滋养第二个过程：使用和欣赏。正是在这个空"道"中，道家思想和儒家思想，以及西方哲学，得以发挥作用，产生影响。同时，也正是在这个空"道"中，万事万物得以产生。在艺术和设计中，这些不同的万事万物可以成为有意义的历史元素，等待我们引用和参考。

正是在创作和生产过程中，人类审查内部和外部因素，以发现这两个端点的统一性。预期的必要性敞开创作和生产过程的大门，在这个过程中，个人所获取的经验发挥作用。创造的过程也是人对社会行为（行动）的反应过程。所以，我们将尝试通过分析创作和生产过程来分析实用坐椅和艺术坐椅的设计问题。我们首先谈论的是古埃及的坐椅。

---

① Joseph Beuys, Volker Harlan. Qu'est-ce que l'art [M]. Paris: l'Arche, 1992, p. 21.

第三章　西方椅子的历史（前 3200—1830）

坐具在当代艺术作品中的使用和转化已经有一个世纪了。比如，在马赛尔·杜尚的作品《单车轮》（1913）中，艺术家使用一张凳子作为单车轮的支撑物。椅子在浮雕作品的演绎历史可以追溯得更遥远。例如：在埃及法老图坦卡蒙（Toutankhamon）的宝座的靠背上，有一件彩色浮雕，画中可见图坦卡蒙正坐在一张精美的椅子上。

一张被使用过的椅子或者一张被演绎到浮雕作品的椅子，又或者在绘画作品中的椅子，只有建立在椅子的物质功能的基础之上时，才有意义。因为，一般来说，椅子存在的目的是被使用，是它的功能让人类想到其拥有者和使用者的身份，也让人联想到椅子所存在和被使用的那个社会的环境特征。为了发现椅子的最初的角色和意义，我们有必要回到历史中去，在历史进程中，椅子的造型和材料不断地演变，却从来没有背离其使用功能。我们的研究从苏美尔的椅子开始。

一、最早的椅子：苏美尔的椅子

美索不达米亚平原（Mesopotamia）上先后存在 3 种文化，第一种是苏美尔文化。公元前 3000 年左右，苏美尔人（Sumerians）发明了楔形文字系统。目前的考古资料表明，在人类历史上最早涉及文字、数学、天文、神学、建筑学、银行业、金融业和民主等学科领域的人是苏美尔人。

图 3-1 中的石头浮雕是苏美尔文字的第一批证据之一。从图 3-1 所示的石头浮雕作品来看，苏美尔人在公元前 3000 年（甚至更早）已经开始使用高型椅子。浮雕上刻有一张高型椅子，由靠背、座位和 4 条腿构成。其中有几个特征值得我们注意：（1）靠背顶端向后弯曲；（2）靠背与低而弯曲的扶手以及前腿相连接，形成一条长曲线；（3）后腿很粗大，成动物腿造型；（4）从结构组合的角度来看，后腿支撑上方的长曲线；（5）靠背不太高，到达人的腰部，人的背部得不到倚靠。

在苏美尔文化里，宗教信仰非常重要，这表现在其造物形式和色彩上。如：狮子用两条后腿走路，同时手（前腿）里还提着物品。动物像人一样劳动，这是人性转为神性的一种异化方式吗？如果是，椅子的动物腿造型就不仅仅是为了彰显动物的力量，还应该带有神化色彩。这种表现方式在埃及和西亚各朝代得以延续。

这是我们目前所发现的最早的椅子形象，它似乎为后人规定了椅子的基本形式：靠背、座位和 4 条腿。虽然各个地区和国家对它的命名不同（如：Chaise、Chair、椅子），

图 3-1　苏美尔文字的第一批证据之一
（石头浮雕，约公元前 3000 年，大英博物馆藏）

而且造型和材料在不断发展，但是，它的基本形式至今从未改变。

　　因此，令人好奇的是，到底是上帝还是苏美尔人创造了椅子的基本形式？为此，我们需要求助于人类文化传播史。公元前 3000 年到公元前 2350 年，是苏美尔文化的顶峰时期。公元前 2350 年左右，阿卡德王朝把苏美尔文化融入当地的文化，形成了新的综合性文化。约公元前 2000 年，阿摩利人以巴比伦城为中心建立巴比伦王国。例如，根据《西方人文读本》一书，苏美尔的宗教是多神论的（Polytheistic）、拟人化的（Anthropomorphic）和泛神论的（Pantheistic）。苏美尔宗教、阿卡德宗教和巴比伦宗教都带有共同的宗教信念，形成近东宗教信仰系统的基础。[1] 苏美尔文字对西亚地区的文字发展（如土耳其语言）也产生了深远的影响。各个领域都有资料证明，苏美尔文化存在世上 2000 多年左右，它影响了埃及文化、阿卡德文化、巴比伦文化、亚述文化、波斯文化、希腊文化和罗马文化。坐具的设计自然也是文化传播的其中一个内容。因此，我们只能暂时认为，是苏美尔人为我们创造了"椅子"的基本形式。这种"形式"贯穿了此后的人类历史，也将贯穿本书的研究。

　　苏美尔的椅子是目前发现的最早的椅子形象。苏美尔文化是目前发现的最早的人类文化，它影响埃及文化、阿卡德文化、巴比伦文化、亚述文化、波斯文化、希腊文化和罗马文化，包括宗教、文字、艺术、科学和手工艺等领域。苏美尔人在图案或者物品造型上采用动物形象，这也许是力量与神化的综合体。苏美尔人的艺术与宗教相结合的传

---

　　① ［美］罗伊·T. 马修斯，得维特·普拉特. 西方人文读本 ［M］. 胡鹏、苏政，注释. 海口：海南出版社，2013：7-10.

统表现手法对之后的北非、西亚和欧洲造物设计产生深远的影响。

二、古埃及椅子中的动物象征性（前 3200—前 343）

公元前 3200 年，埃及建立第一个王朝，公元前 343 年，埃及的最后一个本土王朝——第三十王朝结束对埃及的统治。此后，埃及经历了两段时期：托勒密王朝（定都亚历山大）和罗马统治时期。这一段简单的历史已经告诉我们埃及文化将流传到希腊和罗马。我们先来讨论埃及的本土文化如何影响当地的椅子设计。

人们在谈论古埃及文化的时候，总是依据考古学家所发现的艺术资源：浮雕、壁画、家具、雕塑等。似乎，我们忽略了一个值得注意的现象：表现在物品上的动物形象。我们将通过几张具有代表性的古埃及坐具来讨论这一个动物灵感。

（一）艾特普·希尔斯王后的扶手椅

第一个要谈论的坐具是艾特普·希尔斯王后的扶手椅，她是斯内夫卢 Snefrou 的妻子，斯内夫卢是古王国时期的其中一位法老（前 2575—前 2551 在位），他们俩的儿子 Chéops 建造了吉萨（Gizéh）大型金字塔。1925 年，位于吉萨大型金字塔旁边的艾特普·希尔斯王后的坟墓被考古教授和考察项目负责人乔治（George A. Reisner）发现。在所发现的物品中，有一把扶手椅（见图 3-2），它的高度为 79.5cm，宽度为 71cm。用木头、金叶、铜等材料做成。4 条腿成狮子腿形。动物腿形也在苏美尔的椅子中存在。座位和靠背保留木的原色，其他部分被涂金（或者贴金箔）。这把扶手椅展现了艾特普·希尔斯王后曾经过着豪华的生活。

图 3-2　艾特普·希尔斯王后的扶手椅
（该椅收藏于开罗博物馆。材料：木、金叶、铜。高：79.5cm；宽：71cm）

（二）奢华还是现代

虽然扶手椅的结构显得简单，但是椅子的高品质体现了皇家的威严，这些品质包括：扶手的硬度、靠背的宽度以及四条狮子腿形的椅子腿所展现的坚定的气势。

在艾特普·希尔斯王后的家具风格方面（见图 3-3），英国艺术史学家和艺术批评家爱德华·露西·史密斯在他的《家具史》中说："许多（家具）显得很现代。"① 作者并没有解释为什么这样说，但是我们可以在讨论中借用"现代"这个词汇。在正式谈论艾特普·希尔斯王后的家具之前，我们首先要明确"现代性"或者"现代的"这个词汇的定义。为此，法国哲学家米歇尔·格林在他的书中提出一个定义，他说："从广义的角度、转变历史的角度、多个世纪的角度来看，只有不在传统中寻找形式的行为被称为'现代的'的行为。"② 跟随这个说法，我们不禁要问："如果古埃及有一种传统，艾特普·希尔斯王后的家具是否追随这种传统？"英国哲学家伯兰特·罗素（Bertrand Russell，1872—1970）认为，古埃及人的思想更倾向于保守，露西·史密斯也同意这个观点。我们的疑问是，一个思想保守的人会创造出"现代的"的家具吗？

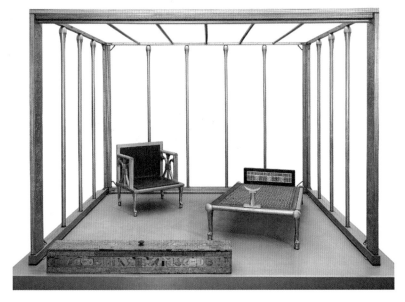

图 3-3 艾特普·希尔斯王后的家具（在她的墓中发现，修复并安置在她的华盖下）

---

① Edward Lucie-Smith. Histoire du mobilier ［M］. Florence Lévy-Paoloni. Paris：Thames & Hudson，1990，p. 18.

② Michel Guérin. Le nouveau et l'inédit（moderne / postmoderne？，in L'art des années 2000, Quelles émergences？［M］. edd by Sylvie Coëllier, Jacques Amblard. Aix-en-Provence：Presses Universitaires de Provence，2012，p. 104.

所以，我们有理由说艾特普·希尔斯王后的家具建立在一种传统之上。为此，我们得出的结论是：用"现代性"来谈论艾特普·希尔斯王后的家具显然是不合适的。但是，笔者认为露西·史密斯的分析是建立在家具的新颖、优美和奢华的表面上。

（三）木材问题和木工技术

古埃及当地缺少高品质的木材。解决的办法是从西亚国家、地中海国家和一些非洲国家进口木材。从公元前 2700 年，木材进口业务已经开始频繁起来。

大块木材更是短缺，这直接影响人们做大型家具。为了解决这个问题，埃及手工艺人发展了拼合小块木板成为大木板的技术。人们发明了销、钉、槽等技术，并广泛使用在家具制造中。

（四）图坦卡蒙的宝座

艾特普·希尔斯王后的扶手椅出现一千多年之后，年轻的法老图坦卡蒙（Toutankhamon，前 1361—前 1352，第十八王朝）的宝座（见图 3-4、图 3-5）于 1327 年制造，高达 104cm，1922 年被英国考古学家霍华德·卡特（Howard Carter，1874—1939）发现于法老的墓中。这个宝座比艾特普·希尔斯王后的扶手椅显得更加精美和奢华。露西·史密斯却认为，这两者之间存在相似性，这体现了埃及社会的保守思想。[1] 然而，与其一概而论，不如来找出这两个时代的家具的异同点。

图 3-4　图坦卡蒙的宝座

（约公元前 1327 年。材料：木、金、银、装饰石头、陶渡金、玻璃、铜。高：104cm。收藏于开罗博物馆）

① Edward Lucie-Smith. Histoire du mobilier [M]. Florence Lévy-Paoloni. Paris：Thames & Hudson，1990，p. 18.

图 3-5　镶嵌在图坦卡蒙宝座的靠背上的椅子（浮雕）

1. 相同点

首先，这两种家具都用金色（贴金泊），都显得很奢华。其次，这两种家具都使用动物形象：动物头形、动物腿形。狮子的形象被频繁地使用，这种凶猛动物形象是至高无上的权力（权威）的象征。我们不禁做一个假设，如果皇家的宝座是一只"狮子"，坐（骑）在"狮子"背上的人肯定已经征服了狮子，这意味着，这个人比狮子还凶猛（强大）。这种象征手法也被用于中国传统绘画中。中国古代画家们经常画一个人（或男或女）骑在一只老虎的背上。

此外，王后的扶手椅和图坦卡蒙宝座的四条腿均由杯形的"蹄"支撑和抬高。如果人们抬高宝座的高度，这是为了抬高主人的位置。既然座位可以象征主人的地位，我们便可以直接说，这是为了提高主人的地位。似乎，位置越高，权力就越得到张扬。王后或者法老被认为（或者自认为）是上帝，当他们把双脚放在宝座前的搁脚凳上时，他们似乎想要离开地面，让自己的身体更接近上天（当时天被认为是上帝所居住的地方）。这同时也是为了把自己与群众、仆人等下属（即：下等人）拉开距离。搁脚凳上的脚和地面的距离体现出优劣、高低之分。这种等级制度的分类方式（或者说，人们在这种等级制度下所形成的传统观念）也出现在中国的宝座文化里，体现在宝座及皇家坐具的设计和使用上。

2. 爱

在图坦卡蒙宝座的靠背上有一张彩色浮雕椅子。这把椅子的座位有软包料，给人以舒适感。靠背上端成卷曲形。图坦卡蒙和他的妻子都要穿戴当时的高级服装。这两套服装似乎是同一系列：布料一样，披肩也属于同一风格。这些服装不仅体现出设计师的高超设计水平，也体现出图坦卡蒙独特的审美品位。柔软的布料隐约显露出王后的柔和的女性线条美和图坦卡蒙的刚强的男性魅力。似乎，这种场面布局的目的是展现图坦卡蒙在日常生活中的爱。

在这张浮雕椅子上还家一个元素也体现了图坦卡蒙的爱。从靠背上的浮雕中可看到，他的妻子正给端坐在椅子上的年轻法老抹油。今天，如果人们给皮肤抹油，这是为了保护皮肤和保持美丽。但是，根据历史记载，古埃及生活中的抹油行为可能有两个与此不同的目的。首先，在图坦卡蒙时代，油（仅是橄榄油）是用来清洗人体的材料。人们把油抹在身上，然后用一小块刮板刮去皮肤上的污泥。最后，用水冲洗身体，这样便清洗干净了。但是我们不得不发问：有没有必要在椅子上向公众展示法老的洗澡场面？我们还是转向第二种可能性：敷圣油仪式。挪威哲学史学家乔斯坦·贾德（Jostein Gaarder）在《苏菲的世界》认为，在以色列，从公元前 1000 年（从以色列国王 Saül 的政权以来），当某个人（与皇家有关的人）被选为国王时，他便接受人们的敷圣油礼。[1]虽然这是一个以色列的政治习俗，但是，长期以来，希伯来人是埃及法老的奴隶，长期生活在埃及，这种神圣的政治仪式也有可能被埃及法老所接受。后来，这些希伯来人在上帝的帮助下于公元前 1200 年走出埃及，回到了自己的家乡。[2] 不管是希伯来文化影响了埃及文化，还是埃及文化影响了希伯来文化，我们更有理由相信镶嵌在图坦卡蒙宝座上的浮雕场面展现了新法老登基时所接受的敷圣油礼。他的妻子的涂抹动作让我们想到了当代艺术中常常提及的艺术概念：触摸（触碰，Touch），一种身体接触行为。这里，我们已经排除生殖器官这个敏感的部位，我们只谈除此之外的部位。当人们自己触摸自己的身体时，这并不一定能引起性冲动。但是，当我们的身体某个部位被另一个人触摸时（假如双方都是自愿的），我们便很有可能产生一定的性冲动，或者产生一定的爱慕。

以上因素并不是全部，还有其他因素也能让我们产生爱的想法。这些因素有可能是图 3-4 中四条小柱子，它们被垂直地安置在下横条和坐板之间。这些柱子的外形与勃起的男性生殖器相似。而这并不是假象，因为宝座的整体造型像狮子的外形，人们在狮子的下体中"安装"一个生殖器，这是自然的事情，是可以接受的。使用男性生殖器能够展现男性的能力，并在此基础上，展现政治权力。

很显然，图坦卡蒙的宝座比艾特普·希尔斯王后的扶手椅更高一些，这是不是意味着图坦卡蒙的宝座所体现出来的政治象征意味更强呢？

（五）政治策略

从图坦卡蒙的仪式宝座上，我们可以看出一定的政治策略（见图 3-6、图 3-7、图 3-8）。这张宝座由一张深度凹陷的坐板、一张直挺的靠背、四条交叉成两个 X 形的腿

---

[1]　Jostein Gaarder, Le monde de Sophie［M］. Paris：Seuil, p. 199.

[2]　Jostein Gaarder, Le monde de Sophie［M］. Paris：Seuil, p. 199.

组成。宝座前放置一张搁脚凳，搁脚凳上刻有 9 个敌人的形象。

图 3-6　仪式宝座

（上有镶嵌，在图坦卡蒙的墓中

发现，约前 1350）

图 3-7　仪式宝座

（上有镶嵌，在图坦卡蒙的墓中发

现，约前 1350）

图 3-8　图坦卡蒙的金色的棺盖面具

在图坦卡蒙的仪式宝座上，有三个特别的元素可以展现政治权威：第一个元素是贵重的材料：乌木、象牙。坐板是用乌木做成的，上面镶嵌有象牙作为点缀。这些材料是从西亚、地中海国家和一些非洲国家进口的。① 所以，我们可以说椅子和皇家宝座是财富和政治权力的象征。

第二个元素是高靠背：一是高度，二是靠背上的形象。首先是金色的太阳形象。太阳的光芒不仅给生物界带来延续生命的可能，也暗示给法老带来光明和希望。其次是太阳之下的秃鹰形象。我们之前已经说过，秃鹰的形象代表神圣的保护神：荷鲁斯（Horus）。法老的世界充满阳光，生命又受到保护。这是理想的政治愿望。

除了前面已提及的两个元素，在搁脚凳上还有第三个元素。爱德华·露西·史密斯认为，镶嵌在搁脚凳上的 9 个敌人是埃及的传统敌人。② 即：他们的仇恨由来已久。这个搁脚凳表明了这 9 个敌人（或许是 9 个失败者）被图坦卡蒙（获胜者）踩在脚下。可见，埃及的统治阶级已经考虑到所有能表现和加强他们的皇权的方式。根据这个分析，我们不难理解为什么个性极强的动物形象被应用在宝座上，为什么埃及法老经常在胸前挂着一把匕首，为什么一些壁画和一些家具上的装饰展示法老们惩罚奴隶的场面。所有这些元素都可以象征政治，以表现法老的绝对权威。

（六）动物的象征性

埃及人喜欢在坐具、用品和神身上采用动物形象。可能有三个原因：

第一，为了获得保护感。埃及人在他们的物品或者神的身上赋予动物的相对无限能力，例如狮子、秃鹰，这些凶猛的动物能让人产生一种保护感。

第二，为了获得生命感。在神身上加上勃起的阴茎，让人产生强烈的生命感（在那时，西方人还认为男性的阴茎是创造新生命的关键，女性的肚子只是暂时保存新生命的容器）。同样，凶猛的动物也能让人产生强烈的生命感，也许我们人类都希望自己能像这些生物一样健康强壮。

第三，为了获得统治感。作为奴隶的国王，法老有理由维持他的上级地位，以威慑这些奴隶——"下等人"。为此，国王需要寻找一个能扮演保护角色的实体：一个政治和个人的保卫。也许，正因为如此，动物性被采用。当物品或者神被赋予强大的力量后，反过来在精神上统治人类和世界，尤其是统治奴隶，让奴隶服从法老。

然而，在坐具上采用动物性只有在迷信的思想下才有意义。在接纳动物形象时，国

---

① Edward Lucie-Smith. Histoire du mobilier［M］. Florence Lévy-Paoloni. Paris：Thames & Hudson，1990，p. 18.

② Edward Lucie-Smith. Histoire du mobilier［M］. Florence Lévy-Paoloni. Paris：Thames & Hudson，1990，pp. 18-19.

王把真理（真的活的动物）作为相似的假象。动物形象变成一个象征性符号。国王想以此来区分不同的关系，比如，上级和下级、富裕和贫穷。但是这个假象仅仅能够对国王和奴隶产生一种心里暗示。

因此，在埃及的思想里，那些能够象征政权、财富、身份、保护神的事物被认为美的事物。象征性成为审美评判的重要因素，而动物则是象征性的重要的物质基础。我们可以说埃及经历了一个象征化的历史。

然而，这种动物象征化的进程并没有延续，中间有些中断。

在埃及的坐具里，我们看到埃及人能够解决家具制作造技术和制作造材料的问题、政治威慑能力、政治策略等。我们讨论埃及家具时经常忽略的现象是：动物形象的频繁采用。虽然动物性仅仅是一种假象，但是它能给法老带来心理安慰，能威慑奴隶，能把社会分等级：上级和下级，富裕和贫穷。埃及人思想里的美的观念主要由动物象征性来确定。

三、亚述和波斯椅子里的植物象征性（约前 3000—700）

亚述分为 3 个历史阶段：古亚述：公元前 31 世纪末至公元前 16 世纪；中亚述：公元前 15 世纪—公元前 10 世纪；新亚述：公元前 10 世纪—公元前 7 世纪。在本章里，我们把时间定在新亚述帝国时期，因为这是亚述家具发展的鼎盛时期。

在西方家具和艺术史书籍里，亚述和波斯坐具经常遭到忽视或者遗忘，但是它们却是西方坐具的来源，带有特殊的意义，因此，我们有必要分析和演绎。亚述和波斯人们对自然的偏爱，尤其是对植物的偏爱，值得我们进一步考察。我们即将讨论几张亚述和波斯坐具。

（一）铭记在亚述坐具上的侵略野心

由于亚述地区没有特别干燥的气候，木质家具没有流传到今天。唯一的家具史资源来自浮雕，其中一个浮雕叙述亚述巴尼拔（Assurbanipal）国王的庆功晚宴（前 668—前 627，见图 3-9）。露西·史密斯认为①，亚述巴尼拔在征服了爱兰（Elam）王国之后，把爱兰国王的头挂在俗竖琴前面的树上。在浮雕里，亚述巴尼拔躺在一张高床上。在他的对面，他的妻子坐在一张高型扶手椅上，同时把脚放在搁脚凳上。两个仆人正在为国王扇风，另外两个仆人也在给王后扇风，三个仆人正在演奏音乐。王后的高扶手椅被四个松果形的脚垫高，它显得比艾特普·希尔斯王后的扶手椅以及图坦卡蒙的王座更高。

① Edward Lucie-Smith. Histoire du mobilier ［M］. Florence Lévy-Paoloni. Paris：Thames & Hudson，1990，p. 20.

图 3-9 亚述巴尼拔（Assurbanipal）和他的妻子，胜利庆功宴，浮雕

露西·史密斯说："不管是凳子还是椅子，坐具的荣耀功能比埃及的坐具更加卓越。"① 但是，通过什么，荣耀功能表现得更加卓越？笔者认为是坐具的特别高度。为了证实这一点，我们可以先看看建筑，比如埃及的金字塔或者法国的哥特式教堂。如建筑的高度得到提高，某一种能力就被体现出来了，这种能力可以是政治的、经济的或者是宗教的。从这个角度来看，家具和建筑在同一条线上。因此，我们可以说，亚述巴尼拔的极高的坐具也可以体现出一种政治能力，这种能力演变成扩张的企图，从而促使他挑起多场侵略战争。

亚述巴尼拔的政治企图还包括文化战略：他建立了尼尼微（Nineveh）图书馆，那里的藏书超过25000部。这些书籍记录了巴比伦文化。图书馆收藏了一篇描述国王身份的文章，文章表明了国王的强烈的政治企图。国王说道：

　　我是亚述巴尼拔，大国王，出色的国王，宇宙的国王，亚述国王，周围世界的国王，国王的国王，亚述的主，不可征服的君主，统治天地间所有的海。②

（二）更加宽阔的视野

当埃及人们关注后世生活时，亚述人们关注时下的日常生活和一个更加宽广的视野。亚述国王统治那些存在于他视野中的事物，也就是当前存在于地球上的事物。为了

① Edward Lucie-Smith. Histoire du mobilier［M］. Florence Lévy-Paoloni. Paris：Thames & Hudson，1990，p. 20.

② 亚述巴尼拔泥板上的铭文. http://baike. baidu. com/view/94778. htm？from_id = 2890342&type = syn&fromtitle = Ashurbanipal&fr = aladdin，2017-12-28.

拥有一个更加宽广的视野，国王得坐到更高的坐具上。另外，被提高了的座位让国王有可能表达他的"不可征服的"政治野心，同时可以威慑在他视野中的人们，最终统治他们。因此，不管带不带搁脚凳，高坐具可以象征"不可征服的"政权。当亚述巴尼拔登上坚实的高坐具时，他想用什么来威慑亚述边界内外的人们？人们又如何反应？

为了实现扩张领土和抢夺财富的愿望，他们从不犹豫跨越边界。从公元前 673 年起，亚述帝国和波斯帝国多次向埃及发起战争。起初，亚述帝国只是（今伊拉克北部）一个小国家，到新亚述帝国时，它已经扩张了十几倍，向北扩张到今天的土耳其，向西扩张到叙利亚，向南扩张到埃及的尼罗河沿岸，向东扩张到伊朗西部。

虽然亚述帝国很强大，但是在公元前 612 年，它的首都尼尼微被"梅得"（Medes）这一支印欧军队征服。这些获胜者于公元前 550 年被另一支印欧军队"波斯"征服。波斯成为历史上最强大的帝国之一，我们将讨论他们的椅子和王座。

（三）波斯椅子的多样化

居鲁士（Cyrus）大帝于公元前 550 年建立第一个波斯王朝：阿契美尼德王朝（Achaemenid）。亚历山大于公元前 334 年征服大流士三世，波斯从公元前 330 年到公元前 170 年被希腊统治，成为马其顿的一个省。此后，波斯还经历了多个王朝：安息帝国（前 170—226）、萨珊王朝（226—650）、伊斯兰教时期（650—1290）、蒙古人的统治（1219—1500）、萨非王朝（1500—1722）、欧洲人的"大博弈"（1722—1914）。以上的历史证明，波斯帝国和希腊马其顿帝国之间的文化影响确实存在，波斯文化也是欧洲文化和东亚文化的发源地之一。

考古学家在意大利南方发现一个陶瓷花瓶（见图 3-10），专家称这种陶器早在公元前约 430 年已经在意大利南方流行了。① 我们先观察陶瓷花瓶上的内容，然后再确定它属于哪个国家。

在花瓶的上部分，刻画了一个战争场面，波斯战士和希腊战士正在搏斗。在花瓶的下部分，有三排人物，最上方的一排人物包括上帝和众神，其中几个人坐在高坐具上。在第二排人物中，大流士大帝是众人的核心，他正坐在王座上，接受信差从希腊的马拉顿送来的胜利消息。在国王的前后，可能是他的下属，其中大部分坐着。第三排人物在最下方，看起来他们多是不太重要的人物，只有少量人坐着。

考古学家认为这是一件从希腊的亚第克（Attique）进口的陶器，根据《希腊世界的考古和艺术》②一书，在亚历山大大帝于公元前 336 年掌握政权后，希腊人重新对波斯文化感兴趣。而专家认为这个希腊花瓶制作于公元前 330 年，因此，在时间上，我们

---

① ［美］罗伊·T. 马修斯，得维特·普拉特. 西方人文读本［M］. 卢明华，计秋枫，郑安光，译. 上海：东方出版社，2007：320.

② Richard Neer. Art & archaeology of the Greek world: a new history, C. 2500-C. 150 BCE［M］. London: Thames & Hudson, 2012, p. 322.

图 3-10　波斯陶器上的坐具

花瓶被发现于意大利的阿普利亚（Apulia），约造于公元前330年

　　有理由相信这只花瓶是从波斯帝国流入希腊，再由希腊流入意大利南方。另外，陶器表面的绘画内容叙述了波斯帝国的大流士一世大帝时代的一段历史，展现了国王的个人名望和波斯帝国家具的繁荣发展。以上两个原因证实了这个陶器上的人物、服装和坐具都源于波斯帝国。而皮娜和露西·史密斯在他们的书里没有提及这个花瓶，更没有提及它是大流士大帝时代的。

　　这只花瓶是波斯各种风格坐具高度发展的见证，包括：大流士大帝的王座带有一个搁脚凳、一个弯 X 形凳子、一个直 X 形凳子、一个直腿凳子和两张希腊式椅子。所有的坐具都有软包料或者配有一个坐垫。王座和它后面的两张希腊式椅子最为卓越。王座有金色图案装饰，配有四条宽大垂直的腿。它的靠背微微向后凹陷，靠背上方两端有两个小天使雕像。两条扶手是椅子中最细的部分。王座后面的两张椅子的靠背与微微向后凹陷。它们都配置有搁脚凳和优美的 X 形腿。我们的重要发现是：波斯的椅子可能是希腊坐具的来源，克里斯莫斯椅（Klismos）便是一个好例子。

（四）大国风范和大流士一世大帝的宝座

我们刚刚谈到的花瓶展现了波斯坐具的多样性，以及波斯帝国的强大。此外，有一个浮雕更能体现帝国的强大。在这个浮雕上，大流士一世大帝（Darius Iᵉʳ，前 550—前 486）正坐在他的王座上。王座由一个垫子抬高。国王身后站立着他的儿子（前 519—前 465）。国王面前的人物可能是他的仆人、保卫或者下属（见图 3-11）。与图坦卡蒙的王座及其靠背上的浮雕椅子相比，大流士一世大帝的王座的结构是不同的。四条腿部分成螺旋形，它们显得很更加结实、挺直和严厉。这是否意味着大流士一世大帝的性格特征比图坦卡蒙这个从未领导过一场战争的年轻法老的性格特征更加强硬呢？

大流士一世大帝曾经成功地打了几场侵略战争。与亚述巴尼拔一样，大流士一世让人们刻一个铭文："我是大流士，大国王，波斯的国王，各国的国王，海斯大斯背斯（Hystaspes）的儿子……"① 这个铭文体现了一个将军、一个建立波斯帝国的君主的野心。

图 3-11　大流士一世大帝
大流士一世大帝身后是他的儿子薛西斯（Xerxes），波斯波利斯浮雕

除了侵略野心问题，我们在王座上也看到波斯思想的新概念：沉思。根据《西方

---

① 　Pierre Briant. Darius，les perses et l'empire ［M］. Paris：Gallimard，1992，p. 11.

人文读本》一书，不像亚述艺术，波斯艺术不强调自然，而是强调沉思。①确实，通过这个浮雕人物的脸部特征、眼神和身体姿势，我们看到沉思。与亚述巴尼拔的妻子的高扶手椅相比，大流士一世的王座显得比较矮，没有那么夸张，但是更加谦逊和结实。坐板和靠背都有软包料，给人舒适感。整个王座似乎更加精细，更有文化感，所以更加人性化。所有这些质量可能是来源于主人和制造者的沉思：国王极有可能参与了王座的设计工作，影响甚至确定设计风格。

此外，通过对比亚述巴尼拔的家具和大流士一世的家具，我们发现一个有意思的元素，而我们从未讨论过它，这个元素就是树形垫脚（见图 3-12、图 3-13）。坐具的两个

图 3-12　亚述巴尼拔的坐具的垫脚

图 3-13　大流士一世大帝的王座的垫脚

---

① ［美］罗伊·T. 马修斯，得维特·普拉特. 西方人文读本［M］. 卢明华，计秋枫，郑安光，译. 上海：东方出版社，2007：55.

前脚都成小树形。亚述巴尼拔的妻子的扶手椅的脚采用树形上端，并且倒立过来。大流士一世的王座采用树形的中部。这些可能是树的花或者果实，没有倒立。这些脚和树形都比亚述巴尼拔的王座的脚和树形显得更高。以上这些特征展现了亚述文化和波斯文化的联系。

（五）植物的象征性

以上内容推理出一个不可争辩的事实，这就是受亚述人和波斯人偏爱的植物形象。

在亚述巴尼拔的浮雕里，人们正在树木周围举行庆功宴，甚至王座上还采用树形结构。在大流士一世的花瓶上，人们采用植物装饰元素：花、叶和树。而这些元素并未在埃及的物品里出现。

虽然，埃及和中亚国家有长期的文化交流，但是，埃及人们偏爱动物，而亚述人和波斯偏爱植物，这表明了文化和思想的差异性。

自然的重要性观念也体现在同时代的中国文化里。人类和自然的关系是这样的：自然产生人类和动物的必要的物质材料。换言之，正是在自然中，生物得以生产和繁衍。因此，人类与自然的关系密切。

人们意识到，自然对人类发展有用。因此，有用性是美的基础。所以，人们在物品中采用植物这些自然界的形象。

物品中的动物性和植物性都牵涉模仿和相像。这种再现手段给人类带来心理满足。再现的过程可能就是植物的人性化过程。这个推理与传统的中国花鸟画和山水画相呼应，但是当时的植物形象的运用行为与马克思关于人的本质异化观点没有关系。

前面的观察和推理并不否认亚述和波斯坐具缺乏能力、财富和侵略企图的象征性。我们观察到3个因素与象征性有关。首先，自然的美与有用性联系在一起，而植物是自然的象征，也是生命力的象征。其次，亚述和波斯坐具的体型比埃及坐具更宽大，追求家具的宽大感的审美思想应该与追求扩张国土宽度的思想相呼应。此外，坐具的奢华和优美特征建立在经济高度发展的基础上。

亚述和波斯坐具没有得到家具史学家们的足够重视。经过更加深入的研究，我们发现几个重要现象：第一，不仅浮雕作品可以提供波斯坐具的历史资料，从希腊进口到意大利的陶花瓶也给我们带来丰富的信息。第二，波斯帝国曾经见证坐具的多样化。第三，通过进口业务，我们得知波斯坐具将要影响希腊和罗马坐具。第四，波斯王座的坚固性和宽大性展现了强大的政治雄心。这个政治强国曾经征服多个国家，比如，埃及。在这些军事行为里，侵略企图是不可或缺的内动力。

此外，与埃及坐具相比，有两个区别值得我们关注：第一个是亚述和波斯人偏爱植物形象而不是动物形象；第二个表现在亚述和波斯坐具显得没有那么阴暗，且更加结实，带有更明显的人文主义，因为它们能体现出人的沉思。这是人类思想的进步，这个特点将流传到希腊和罗马的坐具上。

四、希腊椅子的简化造型（前800—前146）

在西亚文化里，亚述和波斯人们已经孕育人类中心主义思想。[1] 从公元前5世纪起，希腊哲学家普罗泰戈拉（Protagoras，前490/480—前420/410）正式提出这种思想。在西方文化里，人类第一次成为世界的中心。我们能否把人类中心主义带进希腊坐具的分析中？

从造型的角度来看，简化是古希腊家具的最突出的一个特征。希腊人们在埃及、亚述和波斯的家具风格的基础上进行简化，形成希腊风格。此时，正是希腊大学者们开始发展哲学和思辨理论，目的是塑造一个理想国家。以上说的简化风格是不是希腊的理想风格？理想主义思想是否影响了希腊的家具的设计？

带着这两个问题，我们观察几张希腊坐具。

（一）希腊椅子的历史资源问题

波斯帝国的大流士一世大帝在公元前490年向希腊征战，以失败告终。他的儿子薛西斯于公元前479年继续入侵希腊，也以失败告终。[2] 但是，希腊这个获胜者却在战后（在亚历山大大帝于公元前336年继位后）再次对波斯文化感兴趣。所以，在那段时期里，波斯帝国的家具应该影响了希腊家具。

然而，我们今天很少看到希腊家具的实物。最重要的历史资源是文学、绘画和雕塑。在柏拉图的《理想国》的第一部里，柏拉图写道：

> 他（Cephale，赛菲尔）坐在一个配有坐垫的扶手椅上，头上戴着一个花环……我们（Socrates，苏格拉底和其他人）围着他坐下：那里有几张扶手椅围成一圈。[3]

赛菲尔把苏格拉底当作亲近的朋友，虽然后者比前者年轻很多。他们坐在舒适的扶手椅上，哲学讨论开始了。可见，至少富人已经使用高坐具：椅子和扶手椅。此时，中国的大学者们则使用席。

在希腊坐具中，克里斯莫斯椅是最常在家具史书籍或者希腊文化书籍里被提及的一款。这张椅子的形象可见于雕刻在约公元前400年的海歌所（Hegeso）的墓碑上。墓碑刻画了一个女人端坐在椅子上，旁边有女仆人服侍。显然，她的生活很舒适。而且这张

---

[1]　［美］罗伊·T. 马修斯，得维特·普拉特. 西方人文读本［M］. 卢明华，计秋枫，郑安光，译. 上海：东方出版社，2007：61.

[2]　［美］罗伊·T. 马修斯，得维特·普拉特. 西方人文读本［M］. 卢明华，计秋枫，郑安光，译. 上海：东方出版社，2007：71-72.

[3]　Platon. La République［M］. Paris：Gallmard，1993，p.45.

椅子的风格一定具有重要的社会意义：可能是当时社会上最流行的款式，或者是最具代表意义的，或者代表最高水平的设计。克里斯莫斯椅的灵感来源于哪里？希腊坐具的灵感来源于哪里？

柏拉图在他的《理想国》的第十章里说①，上帝创造了自然中的桌子的形式，手工艺人根据这个形式制造其他桌子，画家没有创造真实的事物，他们模仿手工艺人制造的桌子。从这点来看，希腊的坐具应该是历史坐具的模仿：埃及、亚述和波斯。我们之前提及的陶花瓶便是一个有说服力的证据。

此外，3张希腊王座也给我们提供历史信息。它们是从萨拉密斯（Salamis）的79号皇家墓里发现的。

在本章里，我们要观察希腊的宝座、凳子和长凳，然后再讨论克里斯莫斯椅。

（二）一张进口到希腊的宝座

图3-14所示的宝座发现于萨拉密斯79号坟墓里，出土时发现其坐板已损坏。坐具上，部分贴金，部分贴银。两条前腿由两个动物爪形的脚垫高；靠背轻微向后凹陷；扶手连接靠背和前腿，两边的扶手下各有3个人物造型作为装饰。这张宝座似乎是埃及宝座的简化和演绎：装饰物少了，各部分更挺直，保留动物形垫脚。

图 3-14　希腊宝座
（发现于萨拉密斯皇家墓里，约前500）

---

① Platon. La République［M］. Paris：Gallmard，1993，pp. 492-497.

（三）凳子和躺长凳

希腊至少有 3 种凳子：第一种是普通凳子，带有 4 条挺直的腿。第二种呈 X 形，它可以折叠，常常出现在工坊里和教室里。第三种凳子显得更高，但是它的形象却极少出现在希腊的物品上。在萨拉密斯 79 号墓发掘了一个盘子（见图 3-15），其中的图案显示，女神皮提亚（Pythie）坐在高凳子上，右手持橄榄枝，左手端着一杯水。她在沉思，准备回答前方站立的男子的问题。坐板呈半球形。这张凳子只有 3 条直腿，凳子上部显得比下部更宽大。有 4 条弯横条，两条直横条；3 只脚呈动物爪形。

图 3-15 三腿高凳子，盘子，图中有女神皮蹄

墓中还出土了一个细颈长瓶，制造于公元前约 340 年（见图 3-16）。它应该是用来存放油的，尤其是橄榄油。在容器的外表，刻画了一个半裸女子（可能是女神）正坐在一张 X 形凳子上，手持一个法器；凳子的腿脚部很厚重。

图 3-16 X 形凳子，花瓶，图中有女神

墓中另有一张供躺下的长凳（见图 3-17）。它有软包料，所以应该是舒适的。它应该有 4 条直腿，整体上宽下窄。它主要使用在娱乐场合。像我们在花瓶、盘子、一个银质杯子上看到的一样，成双成对，或者成群，男人和女人，男人和男人，有时是年长男人和年轻男人，他们在夜宴上一起娱乐或者性交。

图 3-17　躺长凳，盘子，图中有拿花的女子

（四）希腊的克里斯莫斯椅和它的起源

1. 椅子与文化

阿西耳（Achille）的花瓶上（见图 3-18）刻画了一个离别场面：裸体战士将要上战场，正在和坐在克里斯莫斯椅上的妻子道别。这个画面说明了当时的社会分工或者生活习惯：男子有保卫国家的责任，女子留在家里处理家庭事务。事实上，当时少量女子也上战场。

图 3-18　花瓶上的希腊克里斯莫斯椅，约前 440—前 430

斯巴达男子从少年时代就开始接受军事训练，而且学习规则很严格。富里奥·杜兰多（Furio Durando）在《希腊：古希腊文化的辉煌》一书中认为这种场面暗示死亡，因为这个战士即将去参战，生死难料。希腊人把这类分离场面画在花瓶上，说明这种社会现象的真实性和重要性。大家都知道，战争（总是）意味着家庭分离和伤亡。①

在一个古希腊的盘子上（见图3-19），我们可以看到克里斯莫斯椅的形象。盘子上画有两个男子，其中一个半裸体，留长胡子，坐在克里斯莫斯椅上；另一个裸体男子站立在对面，左手可能拿着一团线。坐着的男子显得比较年长。他似乎在给站立的年轻男子测量体型，准备给他做衣服。这个盘子以及许多其他陶器体现了希腊时代同性相爱的普遍现象，男子和男子，有时是女子和女子。这种现象是否属于今天所说的同性恋？我们在此不进行讨论。通过《理想国》所表现的友善和哲学气氛，通过这个盘子所体现的性自由，我们似乎看到一个比以往更加宽容和开放的社会。甚至奴隶们也拥有一定的自由，他们被允许参加一定的活动。比如在克朗节期间②，所有国家事务都暂停，以让奴隶可以和主人参加娱乐和享受收成。

图3-19　盘子上的希腊克里斯莫斯椅

这两个例子证明克里斯莫斯椅不是专给女性使用，男子也用它。关于这一点，露西·史密斯的观点不可靠，他认为这种风格的椅子与女子联系在一起。③ 当然，他说此话的参考对象是海歌所墓碑上的浮雕椅子。

① Furio Durando. Greece：Splendours of an Ancient Civilization ［M］. London：Thames et Hudson，1997，p. 52.

② Paul Cartledge. The cambridge illustrated history of ancient Greece ［M］. 郭小凌，等，译. 济南：山东画报出版社，2007：103.

③ Edward Lucie-Smith. Histoire du mobilier ［M］. Florence Lévy-Paoloni. Paris：Thames & Hudson，1990，p. 25.

2. 克里斯莫斯椅的来源

讨论了花瓶和盘子体现的文化之后，我们来讨论克里斯莫斯椅的风格特点。

一般来说，克里斯莫斯椅的靠背向后凹陷，符合人体背部的特征。后腿向后弯，而前腿向前弯。靠背和后腿形成呈S形。椅子的简化结构使椅子更加轻，也易于搬动。

在希腊社会里，人们的自由受到限制。整个希腊社会沉浸在复杂的政治气氛里①，但是追求艺术和新思想则显得比较活跃。经济发展受到限制，原因可能是有限的国土和消耗经济力量的战争。

在战争和经济双重困境中，人们为自己寻找自我放松的生活方式：贵族们沉浸在娱乐中，沉湎在性的享受中，这种些现象是完全可以理解的。希腊经济的限制，也给希腊艺术也带来限制，所以希腊艺术并不夸张。人们追求简化、平衡、对称、完美和理想造型。面对社会的复杂性，人们追求简化的事物，这是人类心理平衡的一种好方式。

克里斯莫斯风格可以追溯到波斯帝国时代，关于这一点，我们之前讨论的陶花瓶（见图3-20）可以成为一个有力的证据。

对比希腊的克里斯莫斯椅和表现在大流士一世大帝王座后面的两张椅子，我们发现两个共同点（见图3-21）。首先，靠背是相似的，它们都由一块向后凹陷的板构成。椅子的腿都是弯曲的：前腿向前弯，后腿向后弯。但是，它们之间的区别也值得我们关注。波斯椅子显得比较豪华，相反，希腊的克里斯莫斯椅则显得比较简单朴素。理由可能是因为波斯克里斯莫斯椅是给上层阶级使用，而希腊的克里斯莫斯椅一般是在家庭里使用。这个特点既证明了希腊的克里斯莫斯椅起源于波斯帝国的椅子造型，又证明了希腊社会的家具是外国家具的简化结果。

图3-20　陶器上的希腊克里斯莫斯椅，约前440—前430

① ［美］罗伊·T. 马修斯，得维特·普拉特. 西方人文读本［M］. 卢明华，计秋枫，郑安光，译. 上海：东方出版社，2007：93-94.

图3-21 陶器上的两张波斯椅子（在王座后面）与希腊的克里斯莫斯椅具有相似的风格

克里斯莫斯风格椅子可以追溯到波斯帝国的坐具，前面的波斯陶花瓶是其中一个例证。这也揭露了波斯文化和希腊文化的关联。但是希腊人并没有直接模仿波斯和北非国家的家具风格，而是修改和调整，以符合希腊的经济特点、社会特点和审美特点。为此，我们总结出影响希腊家具的5点风格：（1）受限的经济；（2）相对比较开放的思想；（3）人们的生活模式；（4）在开放的思想下的认知模式；（5）人文主义。因此，在复杂的社会环境下，简单化是希腊的坐具的最突出的特点。

五、罗马帝国坐具的夸耀主义（前27—476）

（一）罗马家具的历史资源问题

暴力伴随着古罗马历史的发展：侵略战争、内部冲突、政治暴力和性暴力。同时，罗马也见证了文化艺术的繁荣发展以及性的自由。罗马经过多个世纪的发展，于公元前146年开始统治希腊，公元前27年发展成为帝国，公元395年分为东西两个帝国。其中，西罗马帝国于476年灭亡，东罗马帝国（拜占庭帝国）于1453年衰落。在本节中，我们把时间定格在公元79年，因为我们发现了家具史学家极少关注的重要的历史资料。

公元79年，维苏威火山（Vesuvius）爆发几乎摧毁了周边城市的所有财产：庞贝（Pompeii）、赫库兰尼姆（Herculaneum）、斯塔比伊（Stabies），因此，我们找不到一件该地的完整的木质家具。但是，由于罗马有钱人习惯在房子内做壁画，我们才有罗马家具的历史资料：凳子、椅子、扶手椅和沙发。从壁画中，我们了解到当地人们的私人生活和社会生活。因为时间已经久远，罗马其他地区的木制家具也没有能够流传至今。

（二） 罗马坐具的夸张

图 3-22 所示画像于 1771 年发现于庞贝①，一名女画家正在画普里阿普斯（Priapus，他是生殖之神，是花园、果树、蜜蜂和家畜的保护神）。他因为有长期勃起的巨大阴茎而被罗马人喜欢。这幅壁画告诉我们两个历史信息：第一，女性的社会地位比以往提高了，因为她们拥有从事她们感兴趣的工作的自由，虽然其中还有一些习俗性限制。面对男性，女性们想以自己的方式争取自由与平等。第二，舒适的凳子在工作和生活中普遍使用。

图 3-22　一位女画家坐在一张 X 形的凳子上绘画生殖之神：普里阿普斯
壁画于 1771 年被发现在一位外科医生的家里

除了各式凳子外，罗马还有形式不同的椅子和扶手椅。如图 3-23，是发现在赫库兰尼姆壁画的一部分，壁画的制作时间有待确定。壁画中有两位女子，她们在一面镜子前（图中未显示镜子），其中一位半裸，坐在一张椅子上。她们在观看另外两位在梳头的女子。

图 3-23　赫库兰尼姆壁画的一部分

　　图 3-24 是发现于庞贝的壁画，画中有两名女子、一名士兵和一名天使。站立的战士正在用左手触碰坐在扶手椅上的女子的胸部。这幅壁画证明两件事，首先，上层女士极有可能拥有舒适优越的生活；其次，这些人物的行为展现了他们对性的钟爱。

　　与希腊家具不同，罗马家具显得更加宽大、更加重，总之，更加豪华。这是不是与罗马的强大政治和经济能力相呼应呢？也许只有"夸耀"这个词才能贴切地表达坐具的这两种象征功能。

图 3-24　战神（Mars）和爱神与美神（Venus），154cm×117cm，那不勒斯国家考古博物馆

（三）罗马坐具的设计灵感来源

罗马文化是多种文化的合成。罗马人在他国文化的基础上融入了自己的民族文化。这种融合可见于罗马的坐具中。这些坐具的设计灵感来源可以追溯到亚述、波斯和希腊坐具。

现在，我们来观察罗马坐具和其他坐具的共同特征（见图 3-25、图 3-26）。这三张插图展示了坐具的脚的演变历史：亚述帝国→波斯帝国→希腊→罗马帝国。

我们之前谈论过，亚述坐具的脚成椭圆的倒立树形。波斯坐具的脚采用树木的中部造型（花形或者果形）。似乎，希腊坐具忽略了这种植物造型的脚。而罗马坐具的脚跨越希腊历史，直接借鉴并丰富了亚述和波斯的植物造型的脚，而且显得比参考对象更加精美。这种精美应该归功于希腊的简约、优雅的风格。

图 3-25　希腊的克里斯莫斯椅的腿脚

图 3-26　两张罗马坐具的腿脚

　　有一点必须提及的是，罗马人没有采用希腊的克里斯莫斯椅的女性曲线。这是否可以体现希腊人不同于罗马人的民族文化特征？从精细的角度看，罗马坐具的造型丰富多变，但是丰富的造型都统一起来构成直线。具体来说，亚述和波斯人在粗大的直木条上加上浅薄的装饰纹理，而罗马人在粗大的直木条上雕刻出更加立体的变化丰富的造型。这是否说明罗马人的雕刻技术和艺术水平比亚述和波斯人更高？罗马雕塑艺术史告诉我们，答案是肯定的。

　　罗马人是接纳外国文化和管理国家的天才。[①] 部分历史学家同意以下观点：从政治上看，罗马人征服了希腊人，但是从文化上看，希腊文化征服了罗马文化。换言之，罗马人继承（接纳）了希腊文化，希腊人继承（接纳）了亚述、波斯和埃及文化。我们

---

　　① ［美］罗伊·T. 马修斯，得维特·普拉特. 西方人文读本 ［M］. 卢明华，计秋枫，郑安光，译. 上海：东方出版社，2007：146.

甚至可以说，罗马人继承（接纳）了世界文化。这难道不是大帝国的风范吗？

然而，罗马人并不是直接简单地接受外国文化，而是在接受的同时进行演绎。这实际上是一种文化创新。比如，罗马人在坐具上展现了几种新造型。美国家具史学家皮娜说，罗马人对纯希腊造型的演绎是极其明显的。她解释道，希腊人追求纯粹性和简单性，而罗马人更喜欢夸赞和复杂性，因为他们想要一种壮观的美妙的艺术。

然而，一个严重的社会问题正是由于强势的罗马政治导致的。人们常说：哪里有奴隶，哪里就有反抗。文明而强大的罗马也不例外，罗马的夸耀消耗了许多财富，这些财富（至少大部分）是奴隶们创造出来的。这种夸耀是导致罗马政治走向灭亡的原因之一。因为，奴隶一直受到政治的束缚，所以他们永远是贫穷的，当奴隶无法忍受上层阶级的压迫时，不满情绪便不断积累，最终激发他们起来反抗当局政权。生活在舒适中的政客们无法挽救内忧外患的罗马的命运。

这一章讨论罗马坐具，有几点值得我们注意：

首先，庞贝及其附近的城镇于公元 79 年被火山爆发所喷出的熔岩所摧毁，但是，1771 年发现的考古资源为我们提供了关于罗马家具的珍贵的历史资料。

其次，罗马人有能力接纳与融合外国文化，使自己的文化丰富起来，得到发展。这些外国文化主要包括：埃及、亚述、波斯和希腊。这种接纳能力让他们更好地发展经济、艺术和家具。罗马家具不是简单的模仿，外国的设计元素被引入罗马的设计中。例如，人们在坐具的腿上采用植物造型元素：树形、果形、花形。而这一个特点是波斯文化中的元素。罗马人演绎别国坐具的风格特征，以创造典型的罗马风格。如果我们可能把罗马坐具的风格特征和他国的坐具的风格特征之间的比较演绎成一个拟人化的比较。希腊坐具将是优美的沉思的姐姐，这一点体现在它的曲线和比例适合的结构上，以及它的人文主义上；而罗马坐具则是弟弟，他活跃、有野心，这一点体现在它的粗犷、沉重、和僵直的线条上。

最后一点是，罗马强势的民族个性在罗马坐具中表现为夸张的风格特征：宽大、显赫、豪华。从文艺复兴时期起，人们开始在罗马粗犷夸张的艺术中得到创作灵感，之后发展成为夸张而豪华的巴洛克风格。

六、中世纪教会椅子的舒适与不舒适（476—1453）

公元 476 年前后，西罗马帝国灭亡，欧洲进入中古时代，基督教得到了长足的发展并影响到了艺术领域。中世纪的家具借鉴哥特式建筑艺术，所以带有浓厚的教会内涵。宗教长时间影响家具的设计和发展，也因此而导致两个问题：不舒适对抗舒适。

虽然中世纪持续了一千多年：从西罗马帝国的灭亡（476）到文艺复兴时期（1453），再到美洲大发现（1492），但是，不管是贫穷的家庭还是富裕的家庭，都很少做家具，唯一卓越的坐具是神父在教堂里使用的高型椅子。

（一）中世纪教士的椅子和哥特式

我们首先看一张法国中世纪教会的扶手椅（宗教讲坛，见图 3-27）。椅子的前额和靠背都吸取中世纪典型的哥特式建筑元素：圆形穹顶、装饰图案和尖顶。高高竖起的靠背显得像哥特式教堂的上方部分，这也是最重要的一部分，因为它高耸入云，表现神性、权力，可能也表现一种精神性的保护。

图 3-27　法国中世纪的宗教讲坛

这张椅子证实了中世纪的神父的坐具风格与哥特式教堂的风格具有统一性，所以它也是哥特式坐具。与教堂一样，教会的坐具也应该具有象征神父身份的内涵：神父想强调他的宗教政权在社会上的地位。

（二）条件

为什么中世纪时期，人们很少做家具？为什么神父是唯一拥有高质量坐具的人？神父的坐具有什么特征？

我们首先讨论前面两个问题。美国家具历史学家皮娜说，在中世纪，"没有机会也没有理由把家具作为一种财产或者室内家具积累起来"①。人们喜欢多功能的房间和家具。比如，长板凳可以当作床来用，床也可以作为坐具或者桌子来使用，两个盒子叠起来就成了坐具，坐具也可以改成盒子。根据皮娜所言，这种现象由以下 4 个原因导致：

第一种可能和可部分接受的解释是，在罗马帝国衰败后，技术也失传了，虽然战后还有少量的高水平的手工艺人，但是，由于经济和社会的原因，他们也无法制作高品质的家具。第二种解释是，人们还有其他家产。富人们更喜欢小型的、可方便搬动的家具。他们认为，家具只是房子的功能延伸。帆船和厨房对他们来说显得更加有意思。对于穷人，食物比家产更重要，因为即使没有桌子或者厨具，他们也还可以坐在地上。第三种解释是，一些艺术形式并没有在战后完全消失，而是保存在少数人的手里。艺术形式经历了黑暗时代的考验，当时，大艺术家和手工艺人使用珍贵的材料，中世纪也不例外。金属的加工、镶嵌象牙、针织品得到高度发展。但是，只有一小部分人在经济上可以接受这些豪华的物品。少量高水平的手工艺人为教堂和国家劳动。第四种解释是，中世纪特殊的社会条件是决定坐具的制造和使用的一个重要因素。国王和财主们都是游牧民族，他们没有固定的生活基地。为了适应当时的环境，他们经常搬迁，同时留下他们的房子，无人照看。为此，他们很少制作家具。

此外，皮娜认为，中世纪的欧洲人不想以家具的形式积累财富。生活富裕的人们为慈善和宗教献出他们的财富。富人也用财富贿赂官员，租用或者支持军队。个人的政治抱负就是向更高的阶层发展。不管人们有什么抱负，大家都有一个共同点：宗教信仰。②

中世纪时期，宗教和政治都很重要，而且两者无法分离。因为，人们都认为神或者教条可以引导生活，并给人类带来宗教安慰。世上只有神父才能保证实现这种愿望，因为，神父的工作是传达上帝的旨意。因此，在欧洲，神父的生活最安定、最受尊重、最富有。

根据吉恩·法维尔（Jean Favier，1932—2014）③，在沙尔曼的议会里，有伯爵、主教和其他人。在宗教和政治之间，很难确定谁限制谁，因为在宗教中有政治，在政治中也有宗教。德国画家阿尔布雷希特·丢勒（Albrecht Dürer，1471 1528）于 1512 年创

① ［美］莱斯利·皮娜. 家具史：公元前 3000—2000 年 ［M］. 吕九芳，吴智慧，等，编译. 北京：中国林业出版社，2014：16.

② ［美］莱斯利·皮娜. 家具史：公元前 3000—2000 年 ［M］. 吕九芳，吴智慧，等，编译. 北京：中国林业出版社，2014：16.

③ Jean Favier. Charlemagne ［M］. Paris：Fayard，1999，p. 243.

作了一幅法国国王沙尔曼的想象画像（见图3-28）。从这幅画像中，我们可以找到与政教关系相关的元素：国王的衣服和画中的符号等。总之，复杂的政教关系转化成一种威严，并且体现在中世纪神职人员的讲坛设计上。

图3-28　法国国王——沙尔曼的画像（想象），阿尔布雷希特·丢勒，1512

（三）身体的不舒适感对抗精神的舒适感

总体来说，神职人员的坐具属于教会风格，外形和装饰都与宗教建筑联系在一起。皮娜注意到，中世纪教会追求不舒适的美德，人们在几个世纪后才开始发现和追求舒适的家具。我们很好奇，他们当时不追求家具的舒适，他们追求什么？中世纪的椅子显得很宽大，靠背很高。有时，坐具上方配备精美的盖顶，以保护或者衬托坐着的人。硬朗而直挺的靠背和坐板没有给人体提供舒适。但是，从家具的装备中，我们看到另一种舒适：精神安慰，或者说，精神舒适。当人坐在这类坐具上时，他可能体会到被保护，所以产生安全感。如果教会人员在坐具中追求身体上的不舒适，这种付出是为了得到精神安慰，或者精神补偿。我们可能对这种精神舒适的特征产生好奇感。

法国是哥特式风格的发源地。哥特式家具的其中一个特点是：高。哥特式椅子似乎要与天上的神沟通。高靠背、高扶手和平直的坐板构成一个特别神圣的空间，让神父的精神得到升华。

（四）教会椅子的限制

一方面，罗马和法国教会的椅子仅仅给神职人员使用，体现神圣性。另一方面，它也体现了一种限制。既限制了人民，也限制了神职人员。

首先，人民一直被禁止触碰和使用教会的讲坛或者高坐具。神职人员的思想对整个中世纪的西方生活影响很大。[1]他们拥有唯一一把可以打开通向上天堂的唯一大门的钥匙。[2]因此，神父所转达的话语便是唯一可以拯救人们的药品。这些人们被这种精神环境长期限制。此外，在限制人们的精神世界的同时，神父也把自己的精神限制在他的私人位置上：一张半包围的可以保护他的椅子。

从1200年起，大学这种新的教育机构出现了，它逐渐取代了教会教育。[3]这并没有立即对哥特式建筑和坐具产生太大影响。然而到文艺复兴到来之际，以高大、挺直和威严著称的哥特式坐具似乎逐渐消失了。但是，从18世纪起，哥特式坐具与艺术又重新受到青睐。

普通人在吃饭时主要使用简单的凳子和长凳。[4]中世纪末期，人们的生活变得更加稳定，房子和内部陈设变得比以往更加精美。人们想摆脱宗教的束缚，教会掌控的财富和政权由此将要重新分配。人类的价值观将要改变，人们迎接文艺复兴的到来。

中世纪的西方人过着游牧生活，喜欢把财富用在宗教或者政治上，这些生活习俗决定了中世纪家具的极低数量。宗教是人们所向往的东西，因此，人们愿意为神职人员奉献自己的财富和劳动，他们也因此而变成为最受尊重最有钱的人，拥有最高品质的家具。但是，精美的哥特式椅子和讲坛并没有给神职人员带来身体的舒适感，他们希望用身体的不舒适感换取精神的舒适感：一种精神安慰。宗教讲坛把神父包围起来以保护他，同时也造成了内部和外部之间的矛盾：外面的人进不去，里面的人出不来。看看今

① ［美］罗伊·T. 马修斯，得维特·普拉特. 西方人文读本［M］. 卢明华，计秋枫，郑安光，译. 上海：东方出版社，2007：276.

② ［美］罗伊·T. 马修斯，得维特·普拉特. 西方人文读本［M］. 卢明华，计秋枫，郑安光，译. 上海：东方出版社，2007：277.

③ ［美］罗伊·T. 马修斯，得维特·普拉特. 西方人文读本［M］. 卢明华，计秋枫，郑安光，译. 上海：东方出版社，2007：282.

④ Edward Lucie-Smith. Histoire du mobilier［M］. Florence Lévy-Paoloni. Paris：Thames & Hudson，1990，p. 41.

天的当代艺术，多少艺术家把这对矛盾融入他们的作品中？

七、椅子和财富（文艺复兴和巴洛克时期）

古代手工艺文化（罗马、希腊、东方、埃及）没有在中世纪完全宗教化的社会环境里生存，它被冷藏一千多年才于 15 世纪（文艺复兴时代）被重新得到发现、接受、演绎和发展。文艺复兴这个人文主义运动不仅带来了艺术成果，也带来了对古代家具风格的认识，尤其是罗马风格和希腊风格，同时也向宗教提出挑战。但是，什么是这个运动的重要的历史动因？

文艺复兴和巴洛克之间的演变过程是模糊的，所以，我们在同一章里连续讨论这两个运动及其风格。我们通过讨论几张坐具来讨论物质财富的问题。

（一）物质财富

文艺复兴时期的社会生活比中世纪的社会生活更加光明，其艺术形式，包括家具，是国家财富和个人财富的重要表现形式之一。这如何发展出来呢？

当时的财富主要以 3 种方式积累起来：侵略战争、新大陆的发现与开发、国际商业的发展。社会财富的重新分配导致 14 世纪的政权的重新分配。拥有权力和财富之后，人们开始炫耀他们所拥有的，这表现在文艺复兴时期豪华的家具和巴洛克时期夸张的装饰元素。

意大利的银行家，比如，美第奇（Medici）家族，掌握了金钱和政权。他们也把大量的金钱和政权用于支持艺术的发展，从而获得利益。美第奇家族有 4 个代表人物：第一代，Giovanni de Bicci De Medici（1360—1429）；第二代，Cosimo De Medici（1389—1464，1434 年起掌握政权）；第三代，Piero；第四代，Lorenzo（1449—1492），他支持的艺术家有达芬奇和米开朗琪罗等。Lorenzo 管理国家一直到 1492 年，他死后，他的长兄 Piero 继位。但是 1494 年，查理三世带领的法国军队入侵意大利，Piero 死于流放途中。Piero 的弟弟 Giovanni（红衣主教，未来的教皇利昂十世 Leo X）经过努力，于 1512 年为美弟奇家族争取回城的权力，这也标志了美弟奇家族的统治高潮。随着美弟奇家族的最后一员大公爵 Gian Gastone 于 1737 年去世，其家族对政治和艺术的影响也结束了。

得益于富人们的经济支持，艺术家们可以自由地表达他们的艺术。佛罗伦萨的文艺复兴运动于 15 世纪就开始了。在 16 世纪初期，文艺复兴运动开始影响法国和西班牙。16 世纪末，文艺复兴运动开始影响英国和德国。

英国艺术史学家，西蒙·沙马（Simon Schama，1945—）[1]，专门研究法国历史和荷兰历史，著有《财富的尴尬》一书。根据沙马的研究，文艺复兴时期，尤其是巴洛

---

[1]　Simon Schama. The embarrass of riches［M］. New York：Vintage，1997，p. 304.

克时期，荷兰人开始热情地追求财富和娱乐，而这两样东西与神父的思想完全矛盾，是一种对抗。荷兰人主要通过战争或者商业活动累积了大量财富，其中，航海技术的高度发展帮助他们创造业绩。总而言之，荷兰的财富来自外国。

以下 3 个主要因素可以为我们解释从 14 世纪以来，欧洲人获得大量财富的经济。

第一个因素牵涉到政权和财富的重新分配问题。①在 14 世纪，黑死病夺走了欧洲三分之一的人口。但是，这场消极的大灾难为幸存者带来积极的结果：政权和财富的重新分配。人少了，能分到的土地和财富就多了。人们成功的机会也随之增多，当然，权力也增多了。在混乱和清洗之后，欧洲开始向一种新的社会结构、经济结构和政治结构转化。

第二个因素牵涉两个事件②：新大陆的开发和个别欧洲国家发动的侵略战争带来的财富。从 1618 年到 1648 年，欧洲经历了 30 年战争。最受影响的国家是德国；战争也削弱了西班牙的政治和经济能力；荷兰和瑞典则从战争中获得大量的利益，这使得两个国家成为 17 世纪后半叶的强国，法国则从战争中获利最多。以上各国的经济收获和经济损失当然影响当地的家具设计和发展。因为，生产取决于经济实力，而形式取决于人们的审美观。

比如，新大陆的开发使得西班牙获得大量的财富，于 16 世纪进入新的繁荣时代。③这些财富促进了西班牙的家具发展。西班牙的邻居法国，因得益于路易十四的政权，成为欧洲的政治强国。这使得法国从此成为经济、政治、艺术和手工艺（也包括家具）等诸多领域的强国。

第三个因素与国际商业活动有关。芬兰和德国从意大利罗马教廷独立出来。在 16 世纪，它们取代了意大利的统治地位，在银行和市场领域独立自主。这为两国带来经济的繁荣发展，因此而带来艺术和手工艺的繁荣发展。④此外，得益于航海技术的发展，荷兰和英国成为商业的中心，这让欧洲以外的商品进入欧洲提供了有利条件。⑤ 印度、日本、中国等东方国家的艺术也随之进入欧洲市场，并对欧洲艺术产生了深刻的影响。

（二）物质财富的表现

财富的获得与积累导致人们在物品中炫耀财富。欧洲执政者就是这样。为了展现财

---

① ［美］莱斯利·皮娜. 家具史：公元前 3000—2000 年 ［M］. 吕九芳，吴智慧，等，编译. 北京：中国林业出版社，2014：30.

② ［美］罗伊·T. 马修斯，得维特·普拉特. 西方人文读本 ［M］. 卢明华，计秋枫，郑安光，译. 上海：东方出版社，2007：429-431.

③ ［美］莱斯利·皮娜. 家具史：公元前 3000—2000 年 ［M］. 吕九芳，吴智慧，等，编译. 北京：中国林业出版社，2014：36.

④ ［美］莱斯利·皮娜. 家具史：公元前 3000—2000 年 ［M］. 吕九芳，吴智慧，等，编译. 北京：中国林业出版社，2014：45.

⑤ ［美］莱斯利·皮娜. 家具史：公元前 3000—2000 年 ［M］. 吕九芳，吴智慧，等，编译. 北京：中国林业出版社，2014：54.

富和政权，也为了让他们的生活更加舒适，欧洲执政者们大力支持艺术和手工艺。除了房子外，制作高档豪华的家具也是展现富人的野心的好方式。

从文艺复兴以来，椅子不再是欧洲贵族的专利，它在那些买得起椅子的普通家庭中得到普及。比如，同时代的荷兰绘画作品经常表现坐在椅子上的妇女。这显然是脱离宗教束缚和人文主义运动的结果。西蒙萨马在他的《财富的尴尬》一书里展现了几幅彼得·德·霍赫（Pieter de Hooch，1629—1684）的绘画作品，画中的家具很豪华。根据萨马的研究，17 世纪，当荷兰的其他城市还沉浸在内战和对外战争中，阿姆斯特丹的经济已经得到很大发展①，到处是高房子，有些达 4 层高，用大理石装饰，地板上有镶金。家里还有地毯、绘画作品、家具和东方装饰品等。② 几位作家把当地称为消费的天堂。③ 这个描述很重要，因为，如果没有消费动力，家具不可能发展。人们制造家具，目的是出售，而不是放在仓库里。

现在，我们开始考察几件欧洲坐具，从中观察表现财富的动机。

1. 意大利的扶手椅

在这一节里，我们首先讨论一张文艺复兴时期的坐具，然后再谈论一张巴洛克时期的坐具。

图 3-29 中的扶手椅被称为"但丁椅"。意大利诗人但丁·阿列吉耶里（Dante Alighieri，1265—1321）喜欢这种风格的椅子，这种风格因此而得名。但丁可能看到它的 3 个特征：轻、方便和优美。X 形结构显得很简单，也让椅子变得轻便，而且可以折叠起来，方便搬运，便于各种场合的使用，比如，吃饭或者阅读。X 形看起来像一只动物在用力支撑着整个结构。椅子的上部分显得比下部分更加宽大一些。X 形来源于罗马坐具象牙椅（Curule），但是，人们做了许多改善。萨沃纳罗拉（Savonarole）也属于这种风格，经常配有一个坐垫。莱斯利·皮娜认为，意大利文艺复兴时期的家具是中世纪艺术财产清单上的最后一种物品。④ 它开始时受哥特式风格和教会风格影响。它从 14 世纪开始追随建筑，最后成为一种艺术形式。建筑、装饰和家具之间的关系在佛罗伦萨开始发展起来。

这把张手椅带有一种知识分子的感觉，在一定程度上展现了人们渴望摆脱宗教统治的心愿。人们想生活得更加自由舒适。思想家和艺术家在罗马和希腊文化中找到灵感。人们开始思考以下几个重要的问题，包括：人的本质问题、上帝和人们的关系问题、找到幸福的最好方式。⑤

---

① Simon Schama. The embarrass of riches［M］. New York：Vintage, 1997, p. 300.

② Simon Schama. The embarrass of riches［M］. New York：Vintage, 1997, p. 303.

③ Simon Schama. The embarrass of riches［M］. New York：Vintage, 1997, p. 298.

④ ［美］莱斯利·皮娜. 家具史：公元前 3000—2000 年［M］. 吕九芳, 吴智慧, 等, 编译. 北京：中国林业出版社, 2014：31.

⑤ ［美］罗伊·T. 马修斯, 得维特·普拉特. 西方人文读本［M］. 卢明华, 计秋枫, 郑安光, 译. 上海：东方出版社, 2007：343.

图 3-29　但丁扶手椅，意大利，文艺复兴

　　现在，我们讨论一张意大利巴洛克扶手椅（见图 3-30）。它的风格来源于法国。靠背和坐板被针织品包裹起来，靠背上有精美的绣花：罗马和希腊建筑图案。最引人注目的是扶手上的夸张的装饰雕塑：两个躺着的男孩塑像和两个站立的男人塑像。两条前腿的下部呈挂子形状。下方横条交叉，呈 X 形，其中央有一个小装饰品，它的灵感应该来源于中世纪的桌子下的横木。

图 3-30　意大利巴洛克的扶手椅，约 1700

虽然造型给人以严厉感，但是这张扶手椅还是带有一种人文气息，这体现在人物雕像上和靠背的绣花上。此外，意大利的巴洛克家具成为财富和政权的一张积极的标签。这得益于先进的制药技术和审美的发展。到 17 世纪中期，意大利巴洛克进入巅峰阶段。

2. 法国的坐具

图 3-31 两张法国文艺复兴时期的扶手椅，靠背被雕刻成窗户造型。在坐具的上方，有 4 个微微突出的椭圆形。靠背的顶部成建筑顶部造型，这让我们想起罗马的装饰图形。整个靠背完全像一个微型的建筑立面。5 条腿被车成竹子形。显然，车木机器已经被开发和使用。从整体来看，制造师似乎想建立一个微型的哥特式空间。坚固性、安全性和威严性也是这张扶手椅的特征。很明显，这张法国文艺复兴时期的扶手椅仍然受到哥特式建筑和宗教的影响。但是，如果我们把它与中世纪教会的坐具相比较，它显得更加人性化。

图 3-31　法国文艺复兴时期的扶手椅，桃木，1570

从 1494 年到 1559 年，法国军队和意大利军队多次交战，这也给了法国与意大利文艺复兴运动会面的特别机会。从此，意大利艺术家被雇佣到法国为皇家和贵族工作，法国也派艺术家到意大利学习意大利艺术。意大利文艺复兴相继在沙尔乐七世（Charle

VII）、沙尔乐八世（Charle VIII）和弗郎索瓦一世（François I）的统治下融入法国艺术世界。这会不会带来艺术的同化？

虽然枫丹白露学院采取了许多革新措施，但是法国人，尤其是宫廷里的人，在家具方面的审美态度和使用习惯依然持续保守主义。① 对文艺复兴的犹豫反映出人们对哥特式的热爱。虽然意大利文艺复兴与中世纪的形式融合起来，但是，此时哥特式对法国大众的影响依然很强烈。同样的运动发生在其他欧洲国家：荷兰、德国、西班牙和英国。后者把意大利文艺复兴运动出现的一些元素融入本国的传统家具中。总之，人文感觉变得越来越浓厚。比如，一些法国坐具不再配有抽屉，变得更加开放。扶手经常被希腊人物和动物形象装饰。腿部经常成希腊和罗马式柱子形式。似乎，16世纪的法国坐具开始避免阴暗性，从而变得更加明亮。从17世纪开始，为了舒适，人们开始大量使用坐垫。此时，法国进入巴洛克艺术时期。

法国巴洛克坐具风格与意大利同时期的坐具风格接近，具备5种品质：

第一种品质是舒适。法国的这张扶手椅比意大利的扶手椅带来更多舒适感。不仅靠背和坐板用软包料，扶手也用软包料。靠背相后仰，这样，人体的背部感觉更加舒适体贴。

第二种品质是新意。虽然希腊的克里斯莫斯椅已经使用曲线，动物爪造型也在埃及的坐具中使用过，但是，法国是第一个在坐具中使用弯腿的欧洲国家（中国是第一个使用弯腿的国家）。

第三种品质是协调性。协调性表现在绘画或者雕刻的精美细腻的图案上，也表现在整个结构的比例，即，扶手椅的尺寸完全与人体的尺寸一致。

第四种品质是美。表现在曲线上。所有的图案和件都是弯曲的。从视觉角度或者心理角度来看，带曲线的扶手椅比直线扶手椅显得更加细腻、更加柔软，容易让人进入放松状态。

第五种品质是先进的技术。这一点让我们想到意大利文艺复兴的艺术家们，他们非常擅长用表现手法。和达·芬奇一样，大量的意大利画家同时也是科学家。科学的发展也给艺术带来发展的动力。在这种科学的氛围里，家具制造师很自然就关注制造的技术开发问题：色彩、比例和操作。到法国的巴洛克时期，家具制造技术已经很发达，家具设计变得更加科学化。

到17世纪中期，在路易十四的统治下，法国成为欧洲最强大的国家。国王不仅管理国家，在一定程度上，他也掌控商业、科学和艺术方面的工作。因此，路易十四时期的各领域的发展都受到这位君主的政治和思想的深刻影响，出现"路易十四风格"。作为君主，路易十四选择太阳形象为政权的象征。我们不得不说，这是个好选择，因为，在中国哲学观念里，太阳代表"阳"，"阳"在上，"阴"在下。从自然角度来看，太

① Edward Lucie-Smith. Histoire du mobilier［M］. Florence Lévy-Paoloni. Paris：Thames & Hudson，1990，p. 62.

阳能给所有生物提供必要的能量。这也说明了中国古代的科学观察的方法提前进入今天的先进科学道路上。路易十四的"太阳"不仅照亮了他的政权：凡尔赛宫作为他的统治的象征而建立，也照亮了各类艺术：路易十四支持艺术家、手工艺人和建筑师，在巴黎的卢浮宫给他们提供工作室和住所。这个慷慨的付出与太阳释放能量具有异曲同工的意义。这既是政治行为，也是艺术行为，没有它，当时法国艺术的发展道路将会不同。

17世纪中期，从意大利文艺复兴独立出来的法国艺术家开始史无前例地表现创造性。根据皮娜，古典元素依然被使用，但是经过演绎和转变，或植入雕塑作品中。①确实法国的巴洛克艺术显得戏剧化和复杂化，很有激情。②家具因为受到了建筑的影响，因此，也应该是戏剧性化的和复杂化的，正如我上面谈到的扶手椅一样。

艺术受到皇家的赞助，艺术为皇家而生存和发展。巴洛克艺术象征皇家的财富和政权，以及内外政治的成功。然而，财富消耗后面蕴藏着限制性问题。如果路易十四的家具可以表现人文主义，这种人文主义仅限制在上层阶级，为皇家创造财富的劳动人民没有巴洛克艺术；换言之，对于劳动人民来说，巴洛克艺术只是一种确实存在的假象。这是一个具有讽刺意味的对比，两个阶级之间的悬殊差异肯定导致其他社会问题。（今天的贫富悬殊问题又会产生怎样的社会影响？）

（三）东方对西方的影响

17世纪见证了各国间多领域的交流，尤其是欧洲和东方之间的交流。荷兰和英国成为商业中心。在欧洲的商业市场上，有中国的瓷器和日本的漆器。这些交流的结果是：东亚艺术被融入欧洲艺术。我们可以从当时社会为这种现象找到历史原因。

17世纪的欧洲经历了许多震荡和改变。比如，在17世纪后半叶发起的宗教改革运动引起的宗教战争，由此造成巨大的社会影响：国土的扩张、对抗外国帝国、科学大发现、知识分子的大转变和商业模式的改变，等等。③显而易见，这些影响具有积极性，也有消极性。17世纪欧洲社会的不稳定性预示（要求）许多事情必须改变。事实上，事态也正在改变。

国际商业活动和外交活动的直接结果是，东方文化对欧洲文化产生影响。露西·史密斯说："印度和其他邻居国家是家具进口的新来源。"④ 比如，印度的莕草是一种轻型材料，价格便宜，人们可以用它来做坐具的靠背。除了便宜的原材料，印度的产品也

①　[美]莱斯利·皮娜. 家具史：公元前3000—2000年［M］. 吕九芳，吴智慧，等，编译. 北京：中国林业出版社，2014：82.

②　[美]莱斯利·皮娜. 家具史：公元前3000—2000年［M］. 吕九芳，吴智慧，等，编译. 北京：中国林业出版社，2014：82.

③　[美]罗伊·T. 马修斯，得维特·普拉特. 西方人文读本［M］. 卢明华，计秋枫，郑安光，译. 上海：东方出版社，2007：425.

④　Edward Lucie-Smith. Histoire du mobilier［M］. Florence Lévy-Paoloni. Paris：Thames & Hudson，1990，p. 72.

因价格低廉而受到欧洲人的喜欢。但是，这种局面却发生了改变。也正因为价格太低，印度原料和产品最后被扔掉。其中有两个原因：第一，欧洲人的品位随着时间的推移也改变了。材料在社会等级分类中起决定性作用，在这一点上，材料是有内涵的。简而言之，低价的材料不能代表高尚的身份。所以，乌木这种贵重木材（它拥有多种高品质：坚固、耐用）成为家具制造的首选木材。第二，由第一个原因引出，即，可能与经济增长有关。以前，人们的购买力低，所以喜欢低价物品，现在购买力和身份都提高了，人们自然追求更高质量的产品。这个分析再一次证明，在一般情况下，坐具与主人的经济能力和身份具有一致性。有意思的是：（没有生命的）材料在许多方面能代表活人的"品质"。

不管怎样，东方文化对西方文化的影响在不断加速，量变达到一定程度将导致质变，即风格的变化。

（四）物质财富和劳动

1. 劳动的层次

在以上讨论中，我们尝试证明，从文艺复兴时期的家具发展到巴洛克时期的家具，起决定性的因素是物质财富。具体来说，财富的增加导致家具中豪华元素的增加。装饰元素的增加导致坐具形式的复杂性（复杂性是巴洛克家具的其中一个特征）。所以，我们谈论巴洛克的豪华，自然要谈论家具造型的复杂性问题。复杂性问题主要表现在装饰和结构两方面。

我们在此所谈论的复杂性只有在人类的劳动范畴里才有效。具体来说，从物质财富的积累到物质财富的表现，再到豪华饰物的复杂性，在这个演变的过程中存在双重劳动。这种现象的存在是从文艺复兴时期开始的，当时是西方资本主义的萌芽时期。这种双重劳动现象允许我们讨论豪华家具的制造过程中的劳动的角色问题。

第一种劳动存在于物质财富的积累过程中，这种累积起来的物质财富是剩余价值的总和（见图3-32）。

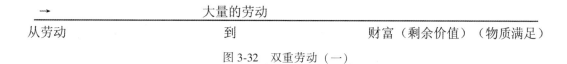

图3-32　双重劳动（一）

首先，财富的积累的首要条件是财富的创造，财富的创造的首要条件是劳动。原因很简单，因为劳动创造财富，大量的劳动才能产生大量的财富；否则，"多劳多得"原则就没有存在的理由。任何物质财富和精神财富必然由"劳动"创造。"劳动"观点是卡尔·马克思（Karl Heinrich Marx，1818—1883）的思想的核心。其次，对于他来说，"劳动"创造一切，包括"美"。"劳动"存在于社会的中心，社会是劳动关系的总和。

马克思与好朋友、继承者恩格斯说："劳动和自然界在一起它们才是一切财富的源泉。"① 这里，恩格斯加上了"劳动"的对象——自然。

以上说明了财富的创造，现在我们来谈论财富的积累问题。

在资本主义生产模式里，一个劳动者（或者一个雇工）可以拥有他的劳动成果中的一小部分，以满足他的生活的基本需求。另外一大部则被资本家（或者雇佣者）这个非劳动者拥有。

此外，获得财富的重要途径是发动战争和抢夺。在战争中，劳动者的劳动成果有可能被敌人占有。一直以来，总是有一些人在不断创造物质财富，而另一些人则从中获利。

资本家或者某个人，又或者某个国家积累了大量财富后，就会想办法表现其所拥有的财富，以证明自身的经济实力，以此来提高或者证明他的社会地位。

展现财富的办法有许多，在建筑和家具中采用某种象征性元素则是一种常用的表现手法。这个手法将由第二种"劳动"来实现。

第二种劳动存在于物质财富的表现过程——制造物品的过程中（见图 3-33）。

→	大量的劳动	
从物质财富	到	豪华物品 (精神满足)

图 3-33　双重劳动（二）

具体来说，当人产生表现这种骄傲的欲望时，人就会努力寻找表达的媒介。比如，绘画作品、房子、服装和家具等。人们观看以上这些物体的过程，也是与物体进行沟通的过程（即，审美过程），由此转向另一个沟通内容：物主的经济、地位、身份等。

为了实现以上的沟通目的，资本家必须花费一部分物质财富来支付一定量的生产这件物品的"劳动"。与财富的积累过程的原则一样，"劳动"的质和量决定了财富的量，财富的量决定了物主的社会地位，这后者便是值得资本家骄傲的因素。

一般来说，大量的"劳动"可以催生 3 种可能：第一，大量的产品。这种现象与巴洛克时期关系，因为当时社会上还没有出现批量生产现象，仅是少量的上层阶级享受少量的豪华产品。第二，产品的精美。第三，产品的装饰复杂性。对于巴洛克艺术，后两点经常是同时产生的。即，人们在家具中采用复杂的装饰元素，家具也显得精美大方。

2. 劳动的特征

物质财富既是人类活动的主要动力，也是人类劳动的象征（或者是记录人类劳动的符号）。在这个理论框架里，"劳动"比物质财富意指更多的事情，并决定所有与人类相关的比喻内容。"豪华的物品是物质财富的象征"这个句子是正确的，但是，我们

---

① 马克思恩格斯选集（第 4 卷）［M］. 北京：人民出版社，1995：373.

更应该这样说："豪华的产品是劳动者的'劳动'的象征，也是拥有劳动者的'劳动'所产生的剩余价值的人的权力的象征。"第二个结论的重点是"取得剩余价值的权力"。

马克思已经在理论上提出存在于资本家和普通劳动之间的矛盾。此处，我们仅提及几点：劳动者创造越多财富，他就越贫穷；劳动者生产越多商品，他这个被当成商品的人越被贬值。"劳动"为富人产生贵重物，同时也为穷人产生贫穷。马克思把这个理论称为"异化"。从资本主义体系中可以分流出4个"异化"体。此处，我们仅提及与我们的主题相关的两个：第一，劳动者和产品的"异化"。这就是说，产品异化了，它不属于劳动者。第二，"劳动"与劳动者的"异化"。这就是说，"劳动"从劳动者身上异化出来，劳动不是劳动者所能控制的，劳动者必须劳动。这是被动的行为，没有个人的主动性。最终是资本家从"异化"了的"劳动"和"异化"了的产品中获得利润。

虽然，1844年，马克思主要谈论当时的社会问题，但是以上谈论的社会问题在马克思以前已经存在。他的理论建立在历史的视角上。马克思关于资本主义统治下的社会矛盾可以应用在我们的关于巴洛克极端奢华的坐具的讨论中。

当一件巴洛克的坐具完成时，双重的现实的劳动就结束了，坐具属于有权力拥有它的人。巴洛克时代见证了资本主义体系的发展与完善。当时，自由和平等并没有落实到每个人身上，个人的发展得不到保证，社会因社会关系的不平衡而失去平衡。结果，社会矛盾不断增加：有奢华、劳动的困难、财主的政权等因素。奢华程度越高，普通人们的软弱性和依赖性越明显。

当坐具融入了劳动的含义，就体现出如下特征：（1）物品中存在的复杂性可以反映出"劳动"的复杂性，也可以反映出劳动关系的复杂性。既然，社会是由劳动关系构成的，劳动关系复杂化了，社会也就复杂化了。（2）"劳动"是中心点，所有社会活动都围着它发生，艺术创作也不例外。（3）一件坐具可以象征政权和财富，言下之意是，可以象征拥有劳动者的"劳动"的权力。坐具越奢华，这种权力越显得强大。

根据以上观察，我们可得出两点结论：（1）双重"劳动"的过程代表资本的运转和操作。一般来说，这就引起两种结果：这两个功能直接增加资本家的资本，同时推动社会的发展。家具的发展也应该被纳入社会发展之中。（2）与艺术有关。双重"劳动"的过程代表一对双重问题，而且，第一个问题牵涉到第二个问题：财富的分配问题，即财富与"劳动"之间的关系问题。这两个问题成为当代艺术家的艺术创作的问题论。这方面的先驱应该是20世纪的前卫艺术家。

人类的"劳动"（不是艺术作品）是20世纪艺术创作的重要的出发点。与过去的时代相比——从古埃及到19世纪，今天，"劳动"这个词意指更多的事物。在艺术创作中谈论的"劳动"主要运用于个人行为或者社会行为。比如，德国艺术家约瑟夫·博伊斯为了向观众展现他的救命恩人的"劳动"（救助过程），在《油脂椅子》中把凝固的油脂放（展示）在椅子上。关于这一点，我们将在另一本书里进一步讨论。

一些当代艺术作品经常是大尺寸的，价格非常高，为此，我们得提出一个问题：在艺术领域里，除了经济能力、名气、威望之外，已消耗的大量财富是否可以意指别的事物？依据不同的情况，也许我们会有各种各样的答案。

从15世纪起，人文主义开始受到人们的重视，并表现在艺术中。但是，这仅限于皇家和贵族的生活范围。得益于罗马历史遗产的发现和皇家的经济支持，意大利文艺复兴运动逐渐兴起。随着物质财富和政权的积累，家具和艺术越来越奢华，意大利的巴洛克风格应运而生。这场运动随后传入欧洲其他国家。但是，意大利以外的国家当时仍然受哥特式艺术的深刻影响，所以各国以不同的方式创造出不同的文艺复兴风格的家具。最终，以法国的巴洛克艺术表现得最突出，把巴洛克艺术推向顶峰。

人文主义的发展成为人类活动的主要目标。人类为自己劳动，而很少为"神"劳动。在物品的制造中，例如神的象征性图像和天使等宗教元素已经被弃而不用。人们只采用能强调人类的重要性和中心性的元素。这不仅体现思想观念的转变，也体现科学转变、经济转变、政治转变和意识形态的转变。如果没有科学、经济、政治和意识形态的支持与配合，家具和艺术就不可能得到高度发展。总的来说，文艺复兴时期和巴洛克时期的家具是众多转变所带来的物质结果。

物质财富是所有人类社会活动的动机。一般来说，获得财富和积累财富导致人们在家具这样的物品中表现他们的的物质财富。正常来说，这种表现要求物品达到高度奢华，这种奢华也引起了家具的装饰图案和整体结构的复杂性。

物质复杂性的背后隐藏着"劳动"的复杂性（此处的"劳动"包括质和量）。从人文主义的角度来看，"劳动"比物质财富可以决定和意指更多的事物。装饰图案的复杂性和坐具结构的复杂性表面上意指主人的财富和政权，实质上意指拥有劳动者的"劳动"的权力。双重劳动的过程体现出一些问题，如，财富的分配问题、财富与"劳动"的关系问题。我们也观察到，"劳动"成为当代艺术创作的重要的概念。

八、风格的混合（18世纪）

在巴洛克时代之后，欧洲进入"理性时代"：启蒙运动。内部改革的必要性和外部的影响推动了18世纪的社会思想的演变。社会思潮运动导致人们的审美品位的改变，影响家具的设计观念。在科学和哲学之光的照耀下，人们追求表达的自由、性的自由、个人发展的自由。为了适应生活，不管是时尚方面，还是家具方面，人们需要一种"轻"的风格，而不再是巴洛克的"重"的风格。我们首先看路易十五的两张扶手椅。之后，我们将谈论这种风格的历史动因，并通过坐具谈论相关的问题。

（一）路易十五风格的扶手椅

图3-34所示的是两张路易十五风格（或者洛可可风格）的椅子。它们拥有3种品质：舒适、力量（或者能力）、典雅。舒适由坐板、靠背和扶手表现出来，这些元素都有软包料；力量则由动物爪形的脚表现出来，这种脚的设计灵感来源于埃及家具；典雅表现在整个精细而有变化的木结构的曲线上。

图 3-34　路易十五风格的扶手椅

　　我们可以肯定地说，这两张椅子没有宗教内涵。这是一种真正的新风格，它有两个值得注意的特征：第一点是多种风格的混合：哥特式、巴洛克和中国风格。第二点是女性的影响。

　　首先，哥特式的元素在木结构中体现出来。其次，金色部分显得豪华，这应该是继承了巴洛克艺术风格。洛可可风格是巴洛克风格的简化；换言之，人们把复杂的外形简化成综合性的外形，但是仍然保留其豪华性。再次，中国的明式家具可能对法国巴洛克晚期的家具风格产生影响。例如，曲线的应用，还有变化的观念。具体来说，每个构件本身都有丰富的变化，而不是简单的木条或者木板。中国艺术的影响应该是法国巴洛克风格逐渐演变成洛可可风格的重要动因之一。但是，这种影响又极其微妙，换句话说，法国人很巧妙地把中国的艺术元素融入当地的艺术风格，而不是直接采用中国艺术的元素。因此，我们很难在法国的洛可可家具中找到具体的设计风格的来源。

　　通过路易十五风格的椅子，我们将要讨论与之相关的问题，以及这种风格的理由。

（二）风格的混合

1. 品位

　　人们的品位一直在变，但是，这些改变从来都没有离开历史主线。为此，我们来看一下先前坐具的装饰风格的演变。在古埃及的家具中，动物的象征性扮演着重要的角色；在亚述家具中，植物的象征性也扮演着重要的角度；希腊人更喜欢没有装饰的简单的造型；罗马人在坐具中重新采用植物和动物造型；在中世纪，这些象征性的装饰元素突然被宗教元素所代替。一千多年后，象征性的元素在文艺复兴时期和巴洛克时期被重新运用，并达到顶峰。18 世纪的欧洲人在先进技术、自由的思想和国际风格多样化的形式下重新采用希腊和罗马的思想，但是做了一些改变。因此，这也是一种创造。

18 世纪的欧洲见证了不少卓越的家具风格。在法国，洛可可风格穿越了两个世纪：摄政式家具（la Régence）、路易的十五风格（Louis XV）。路易十五风格的扶手椅是 18 世纪具有代表性的欧洲坐具。在英国，安妮王后风格（Queen Anne）出现了，同时还有"托马斯·齐彭代尔"风格（Thomas Chippendale）。从这种风格可以看出，外国风格与欧洲风格的混合潮流越来越明显，各种风格都得到欣赏和应用。

与巴洛克夸张豪华而又带有"压迫感"的家具相比，18 世纪的欧洲家具，即启蒙运动时期或者理性时期的家具，显得更加优雅和理性，更加舒适。总之，显得更显得人性化。

2. 发现

风格的混合至少有两个直接原因：

首先，17 世纪的欧洲已经以多种方式到达世界各个角落：航海、商业交换、探索、开发、入侵。外国的政治体制和文化体制吸引了欧洲人的目光。欧洲人透过中国商品认识中国明式家具。明式家具以精细为主要特征，还有许多其他特征（我们将在中国家具部分进一步谈论）。中国对欧洲的影响从 17 世纪开始，但是，到 18 世纪，这种影响才变得明显起来，这得益于国际商业活动的增加。

其次，庞贝和赫库兰尼姆遗址发现于 1599 年，到 1748 年，这个挖掘项目才粗具规模，在社会上引起反响，这得益于西班牙工程师阿尔库比尔（Rocque Joaquin de Alcubierre，1702—1780）的卓越贡献。这个发现促使人们对罗马的研究：艺术、哲学和生活方式。彼得·盖伊（Peter Gay，1923—2015）在他的书中引用了狄德罗（Denis Diderot）的一句话："希腊人是罗马人的师傅，希腊人和罗马人都是我们的师傅。"[①] 所以我们不要忘记，罗马人曾经部分地学习希腊人，后者追求一种自由的生活：性自由（同性或者异性）、表达的自由；还有研究的自由：哲学研究、科学研究、文学和戏剧研究，但很少有艺术研究。严格来讲，此时的文化运动不是第一次启蒙运动。根据彼得·盖的研究，第一次应该是在古希腊时期进行，第二次应该是在罗马帝国时期进行。我们提及这个分类，只是为了说明希腊和罗马的科学体系和哲学体系是 18 世纪启蒙运动的一个重要支点。

洛可可风格是多种风格的综合体，风格名称也是多个词汇的组合。洛可可"Rococo"这个名称由法语单词"Rocaille"变来，"Rocaille"指用贝壳和石头做成的装饰物、假山，这个词又由其他两个词构成：Rocher（岩石）et écaille（贝壳）。可见，洛可可的图案以贝壳的曲线为重要的参考对象。洛可可风格出现的时期正是人们见证多

---

① ［美］彼得·盖伊. 启蒙时代（上）［M］. 刘北成，译. 上海：世纪出版社，上海人民出版社，2015：95.

种不同风格的时期：有些人采用传统风格、其他人追随新意。18 世纪的批评家认为 17 世纪的艺术是不规则的珍珠，不完美，所以取名为"巴洛克"艺术（Baroque）。那么，18 世纪的批评家认为当代的洛可可风格完美吗？

（三）思想的融合

18 世纪，人们不仅看到家具风格的融合，同时还看到外来思想的融合。

1. 启蒙运动的影响和意义

美国历史学家彼得·盖伊认为，在欧洲和美国，许多哲学家的思想指向了同一种运动：启蒙运动。① 彼得·盖伊也提及了康德的思想。康德鼓励人们去发现和践行批评的权力。对于康德来说，启蒙时代的特点是：这是人把自己当成人来看待的时代，同时践行人的责任，但是"人没有从自己的不成熟状态中走出来"②。与文艺复兴时期一样，18 世纪的欧洲哲学家们从希腊和罗马这些师傅身上得到思想启发。但是，此时的人们寻求世俗化、人文主义、宇宙主义（Cosmopolitism）、自由主义的欲望比以往更加明显和强烈。自由包括：专横的政权的避难、表达的自由、交换（交流）的自由、表现个人能力的自由、审美自由。

彼得·盖伊③还说，把启蒙运动当成一种异教（Paganism）运动，通常与过分淫秽的欲望相联系。这一点可见于弗朗索瓦·布歇（François Boucher，1703—1770）的绘画作品中。他的作品经常描绘世俗化的浪漫的爱情场面。启蒙运动的哲人们，比如，伏尔泰（François Marie Arouet /Voltaire，1694—1778）都有婚外史。我们不得不承认，洛可可风格的家具更加轻、精美、优雅，更具浪漫主义色彩；相反，在严厉的巴洛克风格的家具周围，浪漫的生活方式并不存在。

18 世纪的科学家和哲学家们依靠在 17 世纪的科学家和哲学的理论基础，做出了非凡的成就，在艺术上尤其如此。例如，弗朗西斯·培根（Francis Bacon，1561—1626），雷内·笛卡儿（René Descartes，1596—1650）、约翰·洛克（John Locke，1632—1704）、艾萨克·牛顿（Isaac Newton，1643—1727）。然而，当时的思想只影响了少数欧洲人。④ 启蒙运动最真诚的读者是：教授、律师、记者和神职人员。17 世纪的科学和哲学的发现在 18 世纪结出丰硕的果实。知识分子相信自己能够用自己的认知来改良社会。⑤ 启

① ［美］彼得·盖伊. 启蒙时代（上）［M］. 刘北成，译. 上海：世纪出版社，上海人民出版社，2015：3.

② ［美］彼得·盖伊. 启蒙时代（上）［M］. 刘北成，译. 上海：世纪出版社，上海人民出版社，2015：3.

③ ［美］彼得·盖伊. 启蒙时代（上）［M］. 刘北成，译. 上海：世纪出版社，上海人民出版社，2015：6.

④ ［美］罗伊·T. 马修斯，得维特·普拉特. 西方人文读本［M］. 卢明华，计秋枫，郑安光，译. 上海：东方出版社，2007：483-484.

⑤ ［美］罗伊·T. 马修斯，得维特·普拉特. 西方人文读本［M］. 卢明华，计秋枫，郑安光，译. 上海：东方出版社，2007：483.

蒙运动的作者和读者们都想改革，他们即将直接或者间接地影响家具的设计观念。既然，启蒙思想仅限制于贵族的圈内，因此，启蒙运动思想的对家具设计的影响肯定是缓慢的、有限制性的。

法国的家具以自己的方式与知识运动相呼应，主要表现在两个方面：精湛的技艺（Virtuosité）和人文主义（Humanité）。洛可可风格是一个非凡的创造，其发展过程是一场大胆的艺术革命。为这个革命作出杰出贡献的人首先是奥尔良·菲利普公爵（le Duc d'Orléans Phillipe，1715—1723），他是路易十五的摄政王（Régence），也是法国艺术的高尚而明智的支持者，引领皇家的生活方式长达 8 年之久。他的家具比以往的巴洛克家具显得更加自由在、更加轻和更加和谐。

2. 研究东方

18 世纪的欧洲通过进口的商品吸收了美洲和亚洲的文化元素。此外，欧洲与东方之间的沟通，尤其是与中国的沟通方式，主要是天主教传教徒的传播活动。

从 15 世纪到 19 世纪中期，根据《西方文化与东西文化的关系史》① 一书，中国与西方的政治关系保持和平状态：没有侵略；经济关系方面保持自然和自由的交换状态。在这种状态下，虽然西方的技术比中国技术发展迅猛，互惠与平等仍然是首要原则。从 16 世纪到 18 世纪，文化交流是单向的：从中国到西方。在这个时代，传教士西方科学和宗教传到中国，但是，并没有产生明显的社会影响。

当时，欧洲人对中国文化的了解是片面的，主要原因可能是对中国的语言没有掌握好。欧洲各类旅行者和传教士来到中国，并把美丽富饶强大的中国形象、历史、地理、宗教和儒家思想体系②介绍给他们的欧洲同胞。这些文化导入活动引起欧洲人的关注。伏尔泰是当时研究中国文化的代表人物之一。根据埃蒂安布勒（Etiemble）的书《中国欧洲》③（L'Europe chinoise），伏尔泰本人从未到中国旅行，但是他见过几个曾经到中国旅行的欧洲人。埃蒂安布勒批评说，伏尔泰轻易地相信耶稣会教士（les Jésuites）眼中的中国形象（这些教士既是朋友也是敌人）。意思是说，伏尔泰误解了中国。但是，这种误解并不一定是伏尔泰本人的错，这是耶稣会教士们的错，因为他们到中国旅行和研究时，没有理解好汉语，所以很难真正理解中国文化（中国古代汉语对于今天的人来说，也是很难理解的。必须经过长期的学习才能掌握好）。张国刚和吴莉苇在他们的书《西方文化和中国文化的关系史》中也提到此类问题。不管怎样，伏尔泰欣赏儒家思想体系和中国政治体制。他也曾经写过一本小说《中国孤儿》。18 世纪的欧洲人对中国文化的争论反映出他们对中国古代文化的浓厚兴趣，也体现了法国人的历史主义思想。

虽然，在启蒙运动的末期，欧洲人抛弃了中国的思想，我们很难否认中国思想对欧洲文化产生了影响。因为，人们一旦在思想上受到某种思想的影响，我们还能分出这个

---

① 张国刚，吴莉苇. 中西文化关系史 [M]. 北京：高等教育出版社，2006：6-8.
② 张国刚，吴莉苇. 中西文化关系史 [M]. 北京：高等教育出版社，2006：6-8.
③ ［法］安田朴. 中国文化西传欧洲 [M]. 耿昇，译. 北京：商务印书馆，2013：713.

影响的确切来源吗？正如我们在上面的讨论，洛可可风格的家具是多种风格的融合，我们能从中看出某个设计元素的确切来源吗？

（四）女性影响下的洛可可艺术风格

启蒙运动对欧洲的发展产生了重要的影响。但是，在这背后，有两个潜在的问题：第一个问题牵涉大革命。为了得到启蒙运动的哲人们所追求的自由，革命是不可避免的。第二个问题牵涉另外一种方式的革命。当启蒙运动的哲人们追求一个男性人权得到保障的社会时，他们忘记了女性的权利。因为，此时，不管是从身体上还是思想上，妇女都被当成次要的角色。具有讽刺意味的是，在18世纪后半叶的法国，偏偏是少数妇女的重要性对家具设计产生了重大影响。

当路易十五于1723年登基时，他的情人蓬帕杜夫人（Madame de Pompadour，1721—1764）以她独特的方式引领了洛可可艺术的走向。她具有审美才华，因为喜欢艺术，她以国王的情人的身份组织凡尔赛宫的知识分子的沙龙活动。她资助建筑师、艺术、高级木工、画家，也亲自参加了一些建筑工程的实施工作。因此，她对洛可可艺术作出过卓越的贡献。

在洛可可的坐具中，弯曲而精细的腿的设计来源于中国坐具。其他部分，如坐板、靠背和扶手通常都有软包料，显得比摄政家具和中国家具更显豪华。而且，洛可可的坐具比摄政家具更具女性的柔美和精致。

洛可可坐具的种类比以往家具更加多样化。有扶手椅、安乐椅（Bergère）、写字椅、打牌椅。洛可可坐具比较宽，是为了让穿大裙的女性能舒服地坐下而不压迫裙子。甚至还有一款椅子是专门给路易十五的两个情人用的，它叫"Veilleuse"（守夜者）。坐具的多样性表明了贵族们过着舒适、豪华、细致的生活，精美的洛可可坐具则成为贵族的标签。

起源于法国的洛可可艺术风格后来蔓延到意大利、英国。当地人根据自己的文化和品位适当地吸取和转化，形成了具有当地特色的洛可可风格。

（五）豪华背后的问题

不管怎么说，家具的发展都能给贵族带来利益。18世纪，欧洲各国尚处于农业时代、封建社会。贵族仅占总人口的3%，而他们却占据了大部分的政权和社会财富。在这样的条件下，手工业完全是为以下少数人服务：贵族阶层、皇家、教堂、新资产阶级。他们都在追求奢华（甚至淫秽）的生活。为此，设计史学家王受之先生指出，手工业带着知识分子的思想，作为当时社会的媒介。[①] 洛可可艺术是当时贵族内部的中心话题和攀比的内容。

现在，我们将谈谈其他国家的坐具，以便观察到坐具的风格在欧洲的流传路线。

---

① 王受之. 世界现代设计史 [M]. 北京：中国青年出版社，2013：47.

在 18 世纪的欧洲，一个政治危机隐藏在技艺精湛和限于贵族小圈子里的人文主义的背后。一方面，精美而有人性的坐具是贵族的标签。另一方面，对于普通人们来说，这样的坐具是无法接近的，是不可以实现的幻想。因为当时，当时的社会地位取决于金钱。莱斯利·皮娜仅用一句话便能完美地描述这个社会，她说："法国社会建立在金钱的挥霍基础上，时尚由那些正在花钱的人来决定。"①消费者（贵族）的审美品位决定了时尚，时尚为这些消费者（贵族）而存在，这个很正常的事。例如，蓬帕杜夫人追求奢华的生活方式，这样的生活方式自然能引领时尚。② 当然，这样的时尚却由下层人民来买单，其中的矛盾和后果不言而喻。

在路易十六的统治下，人民反抗贵族的奢华生活，最后终于在 18 世纪末发起了法国大革命。根据法国电视 5 台的一个纪录片《凡尔赛宫城堡的财产》③，1789 年 10 月 5 日，6000 名法国妇女走向凡尔赛宫，其中 5 个被允许进入宫内与国王路易十六会面，其中一个妇女因饥饿而晕倒，她们来找国王，仅仅是为了一口面包。人们太饥饿了。尽管国王路易十六承诺要给民众面包（解决饥饿问题），但他未实现诺言就与其家人逃走了。路易十六于 1793 年 1 月 21 日 10 点 22 分在巴黎革命广场上被送上断头台（旧的路易十五广场，1795 年成为协和广场）。以上论述可汇成一句话：皇家和贵族的过分奢华的生活是导致社会起义的重要原因之一。

（六）英国的齐彭代尔风格

当洛可可绘画艺术在法国流行的时候，英国人却认为这些艺术品下流无耻，尤其是新教徒们对此反感之极。因为他们完全无法接受这样的艺术主题：堕落、性。但是，法国家具风格却例外地受到英国人的青睐。英国人没有直接模仿法国的家具风格，例如，托马斯·齐彭代尔（Thomas Chippendale，1718—1779）把几种风格混合起来，又分别演绎成各种风格。第一种风格自然是当地的安妮王后风格（Queen Anne），这种风格从 18 世纪初开始流行，持续 20 多年。同样也有其他卓越的风格：哥特式风格和中国风格。

齐彭代尔制造的家具在当时几乎无所不在，他的家具风格被称为"齐彭代尔风格"。即便有些家具并不是他本人设计，而是他的商会成员设计——他雇用了 50 多个成员。齐彭代尔与皇家并没有关系，这是世界上第一次以平民的名字命名的家具风格。1754 年，齐彭代尔出版了一本书，叫《绅士与家具制造师指南》（*Gentleman and Cabinet-Maker's Director*）。现在，我们来观察书中的其中 3 个家具系列。

① ［美］莱斯利·皮娜. 家具史：公元前 3000—2000 年［M］. 吕九芳，吴智慧，等，编译. 北京：中国林业出版社，2014：63.
② ［美］莱斯利·皮娜. 家具史：公元前 3000—2000 年［M］. 吕九芳，吴智慧，等，编译. 北京：中国林业出版社，2014：66.
③ Les trésors du château du Versailles（凡赛尔宫城堡的财产），http://www，france5，fr，documentaire，浏览时间：2016 年 1 月。

　　第一个重要的系列是"法国椅子"，其受到法国洛可可风格的深刻影响。贝壳的曲线图案被接受和应用到脚部和靠背上。坐具的整体结构与法国的坐具一致。齐彭代尔的"法国椅子"也比巴洛克椅子和安妮风格的椅子显得更轻。也许我们会觉得好奇，法国扶手椅（见图 3-35）的靠背与坐板上有典型的中东方生活场景图案，比如：中国生活场景、工作场景、儿童游戏场和阅读场景等。这是一种简单的中国生活方式，但却充满了乐趣。为了迎合英国人的品位，齐彭代尔把中国艺术与法国的洛可可风格融合在一起，以创造一种新的风格，同时还避免"淫秽"和"堕落"的感觉。可见，中国的传统绘画具有积极向上和人文主义精神特征。

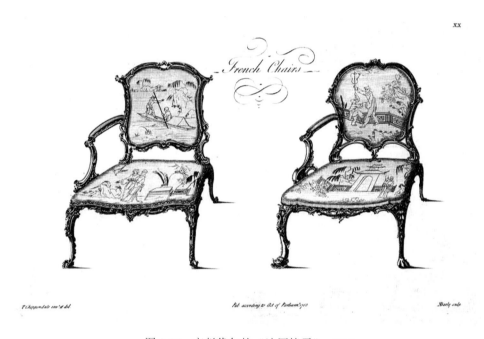

图 3-35　齐彭代尔的"法国椅子"，1753

　　第二个重要的系列是"中国椅子"（见图 3-36）。我们从中可以看到中国建筑的影响。中国窗户的造型被广泛地应用到坐具中，比如在靠背上和扶手上，甚至有时用在椅子的脚上。齐彭代尔应该受到了明式家具的影响（这种风格从 15 世纪到 18 世纪在欧洲流行），因为明式家具的简单性在齐彭代尔的家具中表现得很明显。然而，与中国圆形而弯曲的腿不同，齐彭代尔坐具的腿的立面成方形。前腿是直的，后腿是弯曲的；而且没有中国椅子那么精细和优美，但是也因此显示出男性的刚强，而不是女性的柔美（与法国的洛可可风格相比）。齐彭代尔重新演绎了中国艺术，把中国艺术融合到英国的坐具设计概念中。在坐具上采用中国不同的窗户造型是齐彭代尔商会的专属和优势，甚至中国人也没有这样的创举。不管是英国人，还是中国人，"中国椅子"系列都具有异国风情的魅力。齐彭代尔对"东方主义"（Orientalism）进行了全新的演绎。

图 3-36　齐彭代尔的"中国椅子"，1753

　　第三个重要的系列是"哥特式椅子"（见图 3-37）。齐彭代尔把英国的哥特式建筑结构用到镂空的靠背上和脚上。这一系列也展现出造型的多样性。也许我们感到好奇，为什么齐彭代尔大胆地在同一张坐具上使用不同造型的腿脚？这也许是我们的误解。我们从座位的前檐可以看出，前檐左边的图案配左边的腿，前檐右边的图案配右边的腿。也就是说，每一张椅子代表两种不同款式，顾客可以根据自己的喜好选择左边的造型或者右边的造型，而椅子的其他部分则是一致的，没有选择的余地。

图 3-37　齐彭代尔的"哥特式椅子"，1753

在英国，从安妮王后风格起，到齐彭代尔风格，中国艺术的影响比以往更加深刻。中国特有的弯脚、中国的建筑元素（窗户造型）、中国图案等，都被接纳和演绎到英国当时的家具中。他接受中国艺术时，没有忘记欧洲的风格：哥特式和洛可可式。他对不同风格进行多样演绎，这反映出他不仅想满足英国人的口味，也想满足外国人的口味。

根据莱斯利·皮娜的研究，齐彭代尔不做草图，但是他是当时审美品位的裁判员。事实上，他领导当时伦敦最大的家具装饰和制造公司之一。与其说他是一个原创发明者，还不是如说他是一名翻译家。他的书《绅士与家具制造师指南》引领了英国家具的发展方向。但是他没有停留在这一点上，他继续寻找新的时尚的方向。1758 年，亚当斯（Adam）兄弟于意大利学习回来，带来了一种新的风格：新古典主义。齐彭代尔与他的儿子对这种新风格非常感兴趣。从此，他们开始制造新古典主义风格的家具，然后把这些家具写入他的第三部书里，并于 1762 年出版。

总的来说，同化新事物的能力和追随社会演变的能力让齐彭代尔在家具领域获得具大成功。他的风格将要影响之后的家具的发展。18 世纪末，英国的工业化倾向变得越来越明显，这在国际上是首例。因此，知识分子的思想受到追问。新的资本主义思想发展得非常快。重要的思想家，如伏尔泰（Voltaire）、卢梭（Rousseau）、休谟（Hume）、洛克（Locke）、边沁（Bentham）、杰斐逊（Jefferson）、潘恩（Paine），主张资本主义思想：平等、友谊和自由。这些思想把家具生产推向一个新纪元，18 世纪，欧洲人开始进行大规模的家具工业化大生产。

对夸张豪华的巴洛克风格产生审美疲劳之后，贵族阶级追随一种更加精细的美，同时不忘记奢华，因此，只有奢华和精美才能表现能力、身份和财富。

在女性的影响下（沙龙活动），18 世纪的法国家具变得比巴洛克家具更加精美。虽然这是一种混合的风格：哥特式、巴洛克、中国，它具有一定的创新性：轻、精细、优雅。18 世纪，西方古典家具与中国的明式家几乎在同一时期达到高峰。我们找到了隐藏在奢华背后重要问题，这就是人们对政治的不满导致了法国大革命。从这一点来看，法国的洛可可风格见证了法国旧体制的结束。此时，中国闭关锁国的旧制度也需要改革。

毫无例外，英国的家具也是多种风格的混合。但是齐彭代尔没有把各种风格融合成单一风格，而是一对一地演绎，即，把中国风格演绎成英国式的"中国风格"，把法国洛可可风格演绎成英国的"洛可可风格"。哥特式风格也得到如此演绎，这主要是为了满足人们的各种不同的审美品位。

从这一节中，我们看出中国和日本艺术对西方的影响越来越明显和深刻。

九、新古典主义（18 世纪末—19 世纪初）

（一）新古典主义家具

随着时间的推移，人们的审美品位也在变化。在法国，精美而复杂的洛可可家具于

18世纪中期开始失去魅力，是时候找一种新的风格来取代它了。在享受奢华风格之后，人们可能希望这种新的风格更具古典韵味。此时，正是开发和探索意大利古城的时候。庞贝和赫库兰尼姆，这两座城市于公元79年被火山爆发所喷出的熔岩所毁灭，并被覆盖。这两座城市的考古发现，使人们的注意力转向古典主义。于是，约1760年，新古典主义开始在家具中得到应用。

新古典主义不仅因时间的推移而演变，也因为政治体制而演变。比如，1792年，法国第一共和国的建立见证了路易十六风格的结束。此后，于1793年，出现了摄政风格（Directoire），这种风格一直发展到1804年。从1804年起，即，拿破仑称帝时（他曾于1799年发动政治革命），出现了帝政风格。法国的帝政风格为拿破仑政权服务。希腊艺术和罗马艺术：建筑、家具和装饰，成为重要的欧洲人的艺术灵感来源。新古典主义风格的家具的创新性是，它比希腊和罗马风格的家具更加精致。

新古典主义的家具从路易十六风格发展到摄政风格，然后到帝政风格，其中拿破仑的坐具对西方家具了重要的影响。我们有必要谈论这种风格，以便知道这种风格的形成过程，了解帝政风格坐具的特征与拿破仑的个人雄心之间的关系。拿破仑先是发动了一场政治革命，然后在他登上皇帝宝座之后，又发起另一种性质的革命——可能是艺术革命。这一场革命的目标是为他的政权服务。

（二）拿破仑和他的宝座

1. 拿破仑·波拿巴的宝座

拿破仑·波拿巴的宝座（见图3-38）是由巴黎高级木工雅各布·迪斯玛尔特

图3-38　拿破仑·波拿巴的宝座，1804，卢浮宫

（Jacob-Desmalter，1770—1841）于 1804 年，根据建筑师和装饰家查尔斯·佩希尔
（Charles Percier，1764—1838）和雷奥纳德·枫丹（Pierre-François-Léonard Fontaine，
1762—1853）的设计图而制造的，用于巴黎的杜伊勒里宫（Palais des Tuileries），目前
收藏于卢浮宫。安格尔于 1806 年根据这张宝座创作了一幅绘画作品《拿破仑一世在他
的帝国宝座上》（见图 3-39）。

图 3-39　安格尔，拿破仑一世在他的帝国宝座上，布上油画，263×163 cm

　　拿破仑的宝座有几个重要特征：（1）靠背成圆形，这在当时甚至历史上是极少见
的。（2）靠背上的图案围着字母 "N"，这个字母是拿破仑的名字 Napoléon 的首字母。
这个绣上去的字母似乎是皇帝的签名或者标签。绣这个标签的目的是限制权力，即，只
有皇帝本人才能坐在宝座上。（3）作为政治家，除了社会地位和政权之外，还必须拥
有幸福（好运），于是，他在扶手上方增加了两个白色镂空的圆球。
　　在整个宝座上，有一个特殊的元素：两个石质圆球。首先是材料不同，圆球是石
质，而其他材料是面料、木头。石质光滑而硬朗并且有冷感，面料柔软而舒适。白色球
被其他深颜色的构件衬托出来，显得更加耀眼。这两个球体代表什么？难道是珍珠？或
者是宝座的 "眼睛"？正像中国人所说的 "画龙点睛"？看来，从不同的角度来看，这

对圆球就有不同的意义。

2. 宝座和它的理由

我们现在思考使用字母"N"这个简单签名的理由，它主要包括两个方面：一是带来大成功的政治雄心；二是拿破仑的个性。这两个方面在拿破仑的故事中得以体现。根据德国传作家埃米尔·路德维希（Emil Ludwig，1881—1948），我们知道，得益于是他（被确认）的皇家后代身份，拿破仑被允许到法国贵族学校免费学习，他因为贫穷而受到富家子弟的冷落和嘲笑。这个表面上冷漠的年轻人，从来不会笑，但是很聪明，他16 岁时就有解放科西嘉岛（Le Corse）的梦想，那是他的家乡（科西嘉岛原属于意大利，后来被法国侵占）。当时，他也有长大后统治法国甚至统治世界的野心。他在之后的道路上，只做那些为实现政治战略所必须做的事情。他的肖像在一定程度上可以体现他的性格和雄心。在这张肖像中，坐在宝座上的拿破仑手持帝王权杖。他虎视前方，脸部冷峻，非常严厉。这完全是一副世界统治者的表情。

此外，我们还可通过一个小故事来认识他的个性。根据埃米尔·路德维希的说法①，当拿破仑在巴黎军官学校（Ecole des Capitaines à Paris）读书时，所有学生都可以自己管理一块耕地。拿破仑用栅栏把自己的土地和旁边两名同学的土地一起围起来，除这两位同学外，其他人被禁止进入他们的"领土"。如果他人（非法）进入，都毫无例外地受到惩罚。这种禁止行为显然是为了显耀管理（合法）地盘的权力，也是为了向其他人示威他的神圣权力。关于他的心理的演变过程，现在我们得出一个推论：年轻时的独断行为演变成执政后的特殊签名"N"。这个标签（宝座上的签名）确认了他的神圣的位置、他的最高法律、他的军事和政治上的成功。

他的成功深刻地影响了当时的政治家和艺术家。比如，拿破仑的成功鼓舞了作曲家贝多芬（Beethoven，1770—1827），贝多芬把拿破仑视为英雄，为此，他创作了第三交响曲《英雄交响曲》②，以向英雄致敬。曲子中的激情和能量都与英雄的壮志和政治地位相呼应。但是，当贝多芬听说拿破仑将于 1804 年登基做皇帝时，感到非常失望，立即把曲名改成《第三交响曲：纪念一位伟人》。

像字母"N"这样的元素、宝座的宽大造型、硬直而坚固的腿所表现出来的威严性，都体现了拿破仑的独裁政治的威严性。如露西·史密斯说："拿破仑创造一种特殊的政治体制形象，以庆祝他的军事成功。"③

有专家认为，夸张、沉重、僵直的帝政家具并不符合法国人的性格。《家具史》一书的作者写这一句话时，可能没有很好地解释为什么这样说。④ 从表面上看，这种说法

---

① ［法］埃米尔·路德维希. 拿破仑［M］. 文慧，译. 长沙：湖南人民出版社，2014：4-11.

② ［美］罗伊·T. 马修斯，得维特·普拉特. 西方人文读本［M］. 卢明华，计秋枫，郑安光，译. 上海：东方出版社，2007：542.

③ Edward Lucie-Smith. Histoire du mobilier［M］. Florence Lévy-Paoloni. Paris：Thames & Hudson，1990，p. 122.

④ 陈于书，熊先青，苗艳凤. 家具史［M］. 北京：中国轻工业出版社，2009：82.

显然不对，帝政式是在法国诞生的，为什么不是法式的呢？但是，从拿破仑的经历和雄心角度来看，这种说法也有一定道理。因为在他的宝座里，拿破仑不想表现别的，只想表现他的个人能力。在他眼里，只有政权才可能让他统治法国人和所有人，从法国人的手中夺回他的故乡：科西嘉岛。而且，他年轻时就已经讨厌法国人，因为法国人取笑他的贫穷。如果他想报仇，此时正是时候。他的个人经历完全可能对他的审美观念产生影响。精细而优雅的洛可可艺术风格与拿破仑的个性完全不一致，因此，这种以女性美为特征的风格很难被引用到拿破仑的家具中。

拿破仑更加喜欢古典艺术。罗马家具和建筑的发现来得正是时候，因为罗马艺术夸张、僵直、坚固，能体现坚强而威严的战士的形象。正因为他有这种喜好，当雅克·路易·大卫（Jacques Louis David，1748—1825）于1789年从意大利学习古典艺术回到法国时，被拿破仑任命为宫廷画家。大卫在他的绘画作品中表现出他的家具设计观念，这对法国皇家的家具设计立刻产生了深刻的影响。此外，法国建筑师查尔斯·佩西耶和皮埃尔·枫丹被大卫介绍给拿破仑。这两位画家从1802年起开始出版著作。他们把威严的罗马艺术融入坐具设计中，体现了拿破仑革命性的艺术和挑衅性的政治态度。

虽然帝政风格与法国人的性格不一致，但其影响却传遍了西方多国，如，意大利、英国、德国、俄罗斯、美国。① 这表现了各国对帝政式风格的喜爱，也体现出人们对拿破仑的政治与外交能力的欣赏和佩服。

人们的审美品位从洛可可艺术风格转向希腊和罗马艺术风格，制造更为简单的家具，同时带有历史性特征，这就是古典主义风格，它从法国传播到其他欧洲国家。从历史角度来看，路易十六风格是卓越的，但是从历史人文角度来看，帝政风格更加有意义。拿破仑·波拿巴的宝座便是一个好例子，这个宝座让我们想起拿破仑的政治野心和战略，看到冷漠、坚强、激情的个性，也让我们了解了他的独特的审美品位。这一部分的讨论也让我们想起拿破仑时代的社会状况。他的政治欲望过强，政治统治过分专横，导致本国和周边国家人们的极力反抗，以致他的政治生涯和生命被迫早早地结束。法语里的一句谚语可以总结拿破仑的结局：过分导致反抗（L'excès appelle la révolte.）。

---

① Edward Lucie-Smith. Histoire du mobilier［M］. Florence Lévy-Paoloni. Paris：Thames & Hudson，1990，p. 123.

第四章　中国椅子的历史（前100—1900）

当椅子传入中国，与中国文化会面之后，是椅子改变中国，或者相反，是中国文化改变了椅子的形式和意义呢？这是一个难以回答的问题，可是椅子在中国的演变和发展历程比这个问题本身要复杂得多。自从椅子来到中国，中国的坐具随着社会等级制度的不断改变而逐渐提高。椅子如何与中国环境相适应（或者融合）？中国的椅子是不是对西方椅子形式的模仿？

在使用高椅子之前，中国人坐在铺在地上的席（竹席、草席）。由于席子见证了中国古代历史，我们有必要首先谈论它。

一、椅子出现之前（前2100—前202，夏—楚）

（一）席子

我们知道，从哲学的起源角度来看，在中国和西方有一个几乎同时出现的平行现象（我们已经在第一部分里谈到）。但在椅子的起源方面，中国和西方没有同时出现的现象。当西方哲学祖师们坐在高椅子上讲学的时候，中国哲学的祖师们在讲学时则"席地而坐"。

汉字"席"与别的字组合，可以构成多个词语，表达多种意思。我们有必要首先谈论这个字以及它的应用。

现代汉字"席"对应古代汉字"蓆"。在"席"上加一个"艹"字头，指明了席子是由植物做成的。在现代汉语的习惯中，"席"作名词时，一般不单独使用，而是用"席子"来表达用植物做成的矮坐具。在许多表示物品的汉语词语中，"子"字没有实际意义，仅是附带。如："桌"——"桌子"，"椅"——"椅子"。

"席"可与其他字组合，比如，"席位"，意指"位置"。"筵席"意指"宴会"。"入席"意指坐在饭桌周围的坐具上，准备进餐。"出席"意指"参加"某项活动。"主席"意指领导者。"主席台"意指活动中最重要的位置（一般为领导所坐的位置）。从以上组词例子来看，"席"字均与坐具"席子"有关，在"席子"这一层意义的基础上，它进一步意指"位置"和"身份"。从这一点来看，"席"所包含的意义与我们的主题"椅子"有对应之处。这意味着，我们有必要把"席"及其内涵引入我们关于"椅子"的讨论中。

中国家具史学家王世襄先生①根据中国坐具发展史，把中国历史分成两个阶段：席子时代和椅子时代。席子时代，人们跪坐在矮坐具上。所有其他家具都与这些矮坐具相匹配，不能做得太高（例如茶几）。这个时期从公元前 15 世纪延续到公元 3 世纪（即汉代）。

然而，李宗山却认为，"席子"的使用可以追溯到公元前 6000 年。② 据李宗山所述，在新石器时代的中期和末期之间，编织席子的技术已经达到高峰，人们可以生产多种多样的席子。陕西曾经出土一些公元前 4500 年至公元前 4200 年的小桌子，有 10～20cm 高。低矮的桌子必须匹配低矮的坐具，我们可以推测，当时的人们已开始使用席子。③

虽然使用席子的历史可以追溯得很远，但是，从奴隶社会起，高层阶级（奴隶主）才开始赋予"席子"以象征性的角色，它可以象征社会地位。据李宗山所述，到商朝（前 1600—前 1100）和西周（前 1100—前 771），领导阶层把"席子"当成展现社会地位和社会标签的重要手段。④ 因此，我们必须明确一点：地位与阶级共存，没有阶级之分，便没有地位的高低贵贱之分。坐具则是阶级和地位之分的重要媒介。

但是，在战国（前 475—前 221）中期和末期之间，随着经济和文化的发展，用竹子、草和芦苇制造的家具不再能够满足领导阶层和贵族阶层的口味，他们想要一种更加舒适的坐具。小桌子随之不断提升高度。由于供人坐的床太宽、太重，在宴会或者会面期间不方便搬运和整理。在这种情况下，坐具"榻"出现了，它比床的体积更小。从此，坐具的高度提升了一截。⑤但是"席子"还没有完全被淘汰。

（二）越来越厚的"席子"

在秦朝和汉朝期间（前 221—220），经济的增长刺激了皇帝展示权力的欲望，坐具便是最好的媒介之一，因此，提高坐具便是提高威望。为此，皇帝出资建立了不少手工作坊。商业的高度发展推动了手工业迅速地发展，国家手工作坊和家庭手工作坊都发展得很快。此时，人们依然盘腿坐在"席子"上。"席子"的数量（层数）是区别社会地位的依据。皇帝使用五层席子；其他官员使用三层席子；知识分子使用二层席子。⑥席子越厚，人越感到舒适，社会地位越高。坐的高度开始区别社会地位了。

今天，席子不再是常用的坐具，其用途因地域或者情况的不同而不同，席子可供人睡觉或者坐；在农村，人们还用竹席来晒物品或者粮食。

---

① Shi Xiang Wang. Mobilier chinois [M]. Paris：Edition du Regard，1986，p. 7.
② 李宗山. 家具史话 [M]. 北京：社会科学文献出版社，2012：36-37.
③ 高丰. 中国设计史 [M]. 北京：中国美术学院出版社，2008：79.
④ 李宗山. 家具史话 [M]. 北京：社会科学文献出版社，2012：36-37.
⑤ 李宗山. 家具史话 [M]. 北京：社会科学文献出版社，2012：37-38.
⑥ 澹台卓尔. 椅子"改变"中国 [M]. 北京：中国国际广播出版社，2009：94.

（三）贵族与手工艺的研究

在所有奴隶社会里，所有领域的所有研究只服务于贵族阶级。《手工记》是世界手工艺领域的第一部著作，它可以见证以上说法。这本书在春秋时期（前774—前476）著成，被列入《周礼》中，称为《东官》。① 从整体来看，这本书主张3个基本原则②：

第一个原则强调制造一个好物品的条件：天时、地利、材料（选择播种的好时机以获得最高质量的木材）。此外，还要有很高的制造技术。

第二个原则体现人在宇宙中的重要性：人类是世界的中心。③ 人们越来越关注人的价值，人比神更重要。人体的尺寸特点被纳入物品的设计中，以为人体提供舒适感。中国人本主义思想比西亚帝国的人本主义思想几乎同时产生，这也是中西思想发展史中的平行现象。

第三个原则牵涉到社会等级分类问题：在等级制度的社会里，手工业仅服务于社会功能。物品的尺寸、风格、颜色和材料由领导阶层的意识形态和身份来决定。

除了第三个原则外，前面两个原则都关注人类的重要性。然而，《考工记》这部书仅限服务于上层阶级。实际上，它几乎被收藏在皇家的书架上，没有对当时的社会和家具设计产生重大影响。如今，《考工记》所提出的原则依然有用，这就是为什么我们在谈论坐具之前谈到它的原因。

坐具"席子"见证了中国的历史，它当时是等级制度社会里重要的具有象征性的物品。"席"字原本意指用植物做成的坐具"席子"，但随着汉语和中国文化的发展和演变，这个字与其他汉字组合成多个词语，意指不同的事物。这个字的应用和转化经历了从物质性到非物质性的发展过程，即，从坐具到社会。因此，"席"主要指明两个内涵：坐具和社会地位。《考工记》是世界上第一部手工业理论书籍，但是，它几乎没有对当时社会产生明显的影响，却对随后的时代产生了影响，这属于历史纵向性影响。

二、中国的第一张椅子（6世纪以前?）

根据陈于书等编辑的《家具史》，中国椅子的第一种形象属于雕塑形式和绘画形式，我们没有找到木制实物。这些形象被发现在敦煌莫高窟的壁画里，如第249窟和第285窟里的壁画，这些洞窟建立于西魏（535—556）。虽然这些图像可以证明，在西魏时期中国已经有椅子，但却不能证明第一把中国椅子在此时出现。事实上，椅子完全有

---

① 《周礼》由《天官》《地官》《春官》《夏官》《秋官》《冬官》构成。

② 高丰. 中国设计史［M］. 北京：中国美术学院出版社，2008：83-84.

③ 这里的人类是指统治社会的人，当时的社会思想还没有把普通人（劳动者：奴隶）纳入"人"的范畴。

可能在西魏（6世纪）以前就出现在中国。

　　根据英国考古学家斯坦因爵士（Sir Aurel Stein，1862—1943）的发现，中国最古老的椅子应该是发现在中国西部（今天的新疆境内）。在东汉时期（25—220），新疆是中国与西方文化交流和商业往来必经之地。根据斯坦因爵士的描述，在这把椅子上的佛教雕刻图案属于希腊风格，这种风格曾经流行于印度的西北部。椅子的腿部是狮子腿的造型，扶手是希腊风格的怪物造型。中国史学家多次谈到《后汉书·五行志》，书中叙述到，汉灵帝刘宏（168—189年在位）喜欢西方传来的物品，包括胡坐。"胡"意指"外来的"。从这些叙述来看，椅子确实已经在东汉时期，或者至少在汉武帝刘宏在位时期已经存在。

　　既然敦煌里的椅子图像与佛教有关，我们可以提出一个假想：僧人是第一批使用椅子的中国人。这样，椅子的历史可以追溯到佛教传入中国，并在中国大地上正式发展起来的时间。根据佛教史学家黄忏华①，白马寺的建立可以证明佛教传入中国。早在公元64年（永平七年），汉明帝刘庄（28—75）在他的梦中见到"上帝"。第二天一早，他的官员们便证实说，"上帝"在中国以西。因此，皇帝便派出18人，包括蔡愔、秦景、王遵，到大月氏②。他们于公元67年回到中国，并用白马运来一些佛教书籍。皇帝很满意，所以决定于68年在洛阳建造一座白马寺。既然佛教于67年传入中国，西方的椅子也有可能同时传入中国，或者更早一点，至少在同一个世纪里，即，公元1世纪。

　　丝绸之路的开启者是张骞（前164—前114），在这条路上，中国和西方世界进行了无数次的商业往来。后来人们还在沿路建设多处佛教窟，这是往来商人的精神寄托点。如果我们回顾这段历史，椅子传入中国的时间可以追溯到公元1世纪以前。

　　在公元前138年，张骞被西汉皇帝刘彻（前156—前87）派往中国的西方，目的是与游牧民族大月氏建立外交关系。但是，此次他失败了，不得不于公元前137年启程向西安方向折回。可惜在回程中被新疆一带的匈奴人俘获。当地人非常欣赏张骞的才华和能力。张骞不得不在那里生活了多年，公元前126年，他成功地回到中国。在这次长途跋涉中，他经过了中国以西的国家。公元前119年，他再次出发去完成他建立外交关系的使命。这次，他走得更远。他到达波斯、印度和埃及，于公元前115年回到中国。他在建立外交关系的同时，也建立了丝绸之路，中国与西方国家的文化交流与商业往来正式开始了。此时，西方家具完全有可能在公元前100年前后来到中国，至少来到新疆地区。可惜我们没有找到当时的椅子实物。其中一个可能成立的理由是，木材不能存放太长时间，所以腐烂了，没有保存到今天。另一个可能成立的理由是，椅子可能被掌权人使用，但是它还没有在社会上得到普及。所以，"椅子"极少在流传至今的古书中被提及，也很少在古代艺术作品中得到表现。

　　既然是人根据自己的欲望和审美来制造物品，而物品的设计观念也可以体现出设计

---

① 黄忏华. 中国佛教史［M］. 北京：东方出版社，2008：6-9.
② "氏"在此读"zhi"，通（支）。

者或者制造者的精神内涵，丝绸之路的这种精神是否体现在中国椅子的设计观念上？是否将影响中国椅子的造型演变？现在谈论这个问题还为时尚早，因为，在椅子传入中国的早期，它仅限于佛教领域的人使用，其风格也具有很强的佛教味道。

在这一节里，我们主要谈论了关于第一把中国椅子的历史信息。张骞与中国以西的国家建立外交关系，同时也建立了丝绸之路。高椅子的传入得益于古代丝绸之路上的商业往来和佛教的传入。丝绸之路的精神体现了坚强的中国精神。据已有资料显示，起初，椅子仅在佛教领域里使用。我们将在另一章里进一步谈论中国本土的宗教和外来的佛教对椅子的演变的影响。

三、漫长的普及时期（220—960，三国—五代十国）

（一）接受椅子

我们前面已经说过，椅子传入中国后，并没有马上在社会上普及开来。它的普及经历了一个漫长的时期，即，从220年到960年（从三国到五代十国）。在这个时期，各宗教派别为了生存而进行了一系列的思想争论与思想合并。

在220年到581年这个时期，中国重新进入了战争时期，在这段过程中，手工业几乎消失了。低矮家具逐渐被高型家具所取代，比如，高桌子和高椅子。但是，此时是思想自由时期，包括学术思想自由和宗教信仰自由。而儒学体系被瓦解了，同时，我们看到其他文化的迅速发展：玄学的出现、道教和佛教的传播。这同时是一个宗教兴盛的时期，因此，出现了许多宗教洞窟，这些洞窟能向我们叙述古代中国的文化。比如，新疆的克孜尔洞窟、陕西的敦煌莫高窟和山西的大同云岗洞窟。与此同时，西方社会在罗马帝国灭亡后也进入宗教统治时期。

从公元220年起，西方风格的椅子在北魏时期（220—256）出现，其形象可见于敦煌251窟、260窟和437窟里的雕塑中。在这些宗教洞窟里，我们看到只有僧人使用椅子，其他宗教人士没有这样做。这是不是意味着，道士们当时不接受椅子呢？通过保留他们原来的盘腿坐姿，道士们是否想保留他们原有的社会地位？透过几把在绘画的作品中的椅子形象，我们将要谈谈以下几对关系：椅子与宗教；宗教与中国；椅子与人类。

581年，杨坚统一中国，建立隋朝。此时，私人手工作坊也得到迅速发展。

李宗山[1]把220—907年的历史阶段归纳为以下几个词：自由、道教、玄学（西方的形而上学）、佛教、中西混合。从中可见，中西交流已经开始，人们拥有了学术研究的自由。同时，我们也发现儒教和儒学被忽略了。

根据王世襄的说法，从南北朝（386—586）起，人们开始习惯在凳子上垂腿而坐。到唐朝（618—907），凳子和椅子已经在社会上广泛使用。人们也使用高桌子。然而，

---

[1]　李宗山. 家具史话［M］. 北京：社会科学文献出版社，2012：43.

在这个时期，下层阶级（普通百姓）仍然盘腿坐在墩上。① 也就是说，上层阶级在使用高型家具的同时，部分下层阶级还使用低矮坐具，这里牵涉经济能力的问题。

（二）椅子的传播

从南北朝（420—581）到唐朝，随着佛教的传播，椅子传到了中国中部地区的佛教领域，然后传到百姓家里。它的名称首先是"倚子"。"倚"意指"倚靠"。整体意思是"可倚靠的坐具"。在唐朝中期和末期之间，人们为这种坐具起了另外一个名字，叫"椅子"②。加上"木"字傍，把动词"倚"换成名词"椅"，这表明这种坐具是由木材做成的。这两个词的读音完全相同，但是意义完全不同。

在敦煌莫高窟的第285窟的壁画里，有椅子的绘画形象（见图4-1）。这些形象仅能说明当时或者此前，僧人已经开始使用椅子，却不能证明椅子已经在社会上得到普及。从画中，我们也观察到两种奇怪的现象。第一种现象，僧人有时盘腿坐扶手椅上，有时垂腿而坐。这也许能说明这个时期是坐姿转换的缓慢的过渡时期，人们有这样的坐的自由，也有那样坐的自由。第二种现象，画中的僧人没有剃光头，与无神论者和道士一样，他们仍然保留头发。

图4-1 敦煌莫高窟285窟壁画中椅子的形象，西魏，535—556

① 高丰. 中国设计史 ［M］. 北京：社会科学文献出版社，2012：154.
② 李宗山. 家具史话 ［M］. 北京：社会科学文献出版社，2012：42.

这类扶手椅在当时被称为"胡床"或者"胡坐"。"胡"即"外国的、外来的"。虽然这是在浓厚的佛教的氛围里，这张扶手椅的结构却很简单，没有宗教装饰图案，因此宗教色彩不浓厚。它是不是当时西方椅子的原型？

即便这样的坐具结构是西方式的，我们还是看到了新的中国元素：搭脑。它的功能是让人的头部向后倚靠，给人舒适感。可见，僧人们首先从椅子的构件造型开始改变。这是转化西方风格的椅子的第一步。我们再看另外的例子。

如敦煌莫高窟第196窟壁画（见图4-2），建立于西魏（535—556）。壁画中有僧人坐在几或者扶手椅上。僧人都赤脚，穿长袍，显然他们在自由而快乐地交谈。两把椅子的靠背均向上突起成弧形，与人的背部结构特征相呼应，这是改造的第二步。第三个改变可能是椅子的腿直接支撑扶手。显然，这几张坐具比图4-9（在"文人的扶手椅"一部分中将详细说明）所展示的坐具更加结实。画中最具特色的图案之一是层层渐变的云纹，这是典型的佛教风格图案。道教的云纹则显得更加简单，渐变层次较少，这与道教的"自然主义"风格相呼应。

图4-2　敦煌莫高窟第196窟中的壁画，画中有僧人和坐具的形象

有意思的是，左边的两位僧人坐在一张我们今天所使用的"茶几"上，这是中国本土的家具之一。现在本土家具和外来家具摆放在一起，这俨然是一场无声的中西文化交融。说交融，是因为这两种类型的家具被放在一起时，并没有显得格格不入，反而在结构和色彩上给人一定的和谐感。

椅子逐渐在社会上得到使用。人们通过看僧人们使用它，在视觉和心理上逐渐习惯这种类型的坐具，便在生活中逐渐使用它。① 这是文化与心理的自然的演变过程。

唐朝的繁荣得益于皇帝和人们的开放思想。人们寻求并接受来自各地和各国的不同事物，不断给自己的文化注入新的元素。除张骞所建立的内陆丝绸之路之外，另外几条新的海上国际交通路线也因此建立起来了，给中国和与中国建立外交关系的国家带来历史机遇。其中，有海上丝绸之路：从长安到中亚，再到欧洲。另外的一条路：从杭州湾到波斯湾。陶瓷之路：从扬州湾到明州湾，经过西亚，一直到波斯湾。

毫无疑问，正是同化新文化的能力使唐朝帝国成为当时世界上最强大的国家。与此同时，罗马帝国分裂后遗留下来的东罗马帝国：拜占庭在君士坦丁堡继续得到发展，形成中西方两条支柱。这两条支柱已经有商业往来。唐朝几乎在各个领域都有优势。经济发展支持和推动科学研究和文学研究。经济的发展也允许人们追求更高的生活品质。自然而然，舒适而豪华的家具成为人们向往的事物。这样的生活可见于上图《宫乐图》（见图4-3、图4-4、作于唐朝，其作者和具体时间不详）。宫廷女乐师们正围着一张大桌子，坐在有软包料的舒适的凳子上演奏音乐，其他宫女则坐在旁边欣赏。似乎，凳子的造型和色彩都偏向于女性化。比如，凳子的弯腿、坐板上红色针织布料上及其白色的绣花。这难道是女性的专属坐具？

图4-3　宫乐图，丝上绘画

---

①　澹台卓尔. 椅子"改变"中国 [M]. 北京：中国国际广播出版社，2009：71-72.

图 4-4　宫乐图（局部）

我们必须补充说明，凳子的脚部向内弯曲，这是典型的中国风格，是一种创新。但是凳子的脚下的动物蹄造型让我们想起埃及的坐具。这也说明了椅子的传播路线：从北非传入西亚、中亚，再传入中国。

到唐朝末期（8 世纪末期），跪坐的传统完全消失。[①] 然而，与今天接受一个新事物的速度相比较，当时人们接受椅子的速度显得太缓慢了：椅子自传入中国以来到它的普及，经历了约 300 年。这不仅是人的观念起决定性作用，最重要的决定性因素可能是当时的信息流通方式。当时，人们通过走路、骑马、坐马车或者坐船来通信和进行商业往来。这些方式需要大量的时间，出差一次也许需要几个月，或者一年，甚至更长时间。我们不要忘记张骞建立外交关系所用的时间。

唐朝之后，椅子不再是唯一的坐具，其他坐具已经出现。这一点可见于顾闳中和周文矩所画的《韩熙载夜宴图》（见图 4-5、图 4-6），该画画于五代十国（907—960）时期。

---

① 澹台卓尔. 椅子"改变"中国 [M]. 北京：中国国际广播出版社，2009：71-72.

图 4-5　韩熙载夜宴图（一）

图 4-6　韩熙载夜宴图（二）

　　以上这几幅是叙事作品。韩熙载（902—970）是皇帝李煜的宰相。为了证明他自己不想争皇位，韩熙载演出了一场真戏。他整天沉浸在酒色中，表明他对政治没有兴趣，对皇位更加没有兴趣。当皇帝李煜听说此事，便派两名画家：顾闳中（约 910—980）和周文矩（943—975）偷偷混入夜宴中观察韩熙载的（表演）行为。画家回来后画下他们的所见所闻。在作品中，韩熙载盘腿而坐在榻上，注视着前方在演奏音乐的宫廷女乐师。皇帝李煜被事实说服，就放心了，韩熙载的宰相位置也保住了。也因为这样一段真实的历史，我们今天才能看到《韩熙载夜宴图》。

　　这些绘画作品展示了几款坐具：椅子、榻、墩。黑色的椅子有加长而弯曲的搭脑。靠背中部微微向后弯，呼应人的背部结构。坐板比较宽，有坐垫。还配有搁脚凳。这组家具中的结构的简洁性和比例的协调性是最为卓越的特征。与之前具有宗教色彩的坐具

83

相比，这组家具显得更加世俗化。它们也反映了当时人们倾向于追求舒适和造型美。

此外，我们也观察到道家思想的影响。比如，墙壁上的绘画作都属于文人风格作品，家具的简洁性则反映出道家的自然主义思想。

从220年到到960年这段时期，是椅子在中国的漫长的普及过程。一方面，人们还使用席子；另一方面，像榻这样的高坐具出现了，并不断增加。唐朝坐具的发展主要得益于两个因素：从经济发展的角度来看，各领域都得到繁荣发展；从观念角度来看，"简洁性"是道教思想的其中一个支点。各宗教派别从表面上看是在互相排斥，实际上是在互相影响。正是在这种文化思想既矛盾又融合的环境里，中国坐具得到了发展，并拥有了一个新的形式：中国风格。这种风格应该是各大宗教派别思想的综合体现。因此，我们可以说这种风格再一次证明：宗教派别只有和平相处才能互利共赢。（难道这不是也可以作为当今各国关系的实践标准吗？）以上的推理也可以证明中国人具有同化各种思想的能力，以获得一个更加理性的新思想。这便在历史上引出了一个新时代——"理"学（新儒学）。"理"学思想影响中国坐具的设计观念，因此，从人文主义的角度来看，我们把这个时期的坐具称为"理性"的坐具。

四、更加"理性"的坐具（960—1368，宋—元）

（一）椅子的普及

唐代的经济环境、政治环境和社会环境显得比以往更加自由。这种状况为高型家具的自由发展和普及提供经条件。经济和手工业的发展一直与政治权力相关，尤其与国家元首的权力息息相关。[①] 坐具的发展主要得益于上层阶级的审美观念和政治决策。后两者相互制约、不能分开。上层阶级认为高坐具美和好，并希望通过提高座位的高度来提高社会威望，这便决定了他们的政治路线：与群众拉开距离，一个向高处发展，另一个被迫向低处发展。为此，从宋代开始，贵族和朝臣们开始建设花园的趋势越来越凶猛，他们也在花园中制造高级家具。这些家具便是我们今天能看到的代表中国设计文化的物证。因此，我们说上层阶级作为主力军推动了中国家具的发展。

赵匡胤（927—976）建立北宋（960—1127），定都汴京（开封）。北宋之后，赵构（1107—1187）继承王位，史称南宋（1127—1279），定都临安（杭州）。宋代政治当局大力支持4个领域：手工业、商业、科学和技术。国家手工作坊内的劳动分工既严格又细致，此时的私人手工业发展得比唐朝时期更为迅速。此外，在中国的四大发明中，有两个是在两宋时期出现的：指南针、印刷术。我们不应该忘记火药，它起源于唐朝的炼丹术，但在宋代得以改进和应用。可见，宋代的科学和技术的研究氛围是积极向上的，所以，这段时期见证了家具制造技术的繁荣发展。

---

① 高丰. 中国设计史［M］. 北京：中国美术出版社，2008：163.

北宋时期，椅子已经成为普通的家具：所有人都可以使用它。① 有意思的是，孔夫子在世时（战国）也许从未见过椅子，但是一千多年后的后人"请他"（雕像）坐上了椅子，显得很舒适。这显然不符合历史的真实性，但是，从中可见椅子已经在宋代得到广泛使用。

（二）更加"理性"的坐具

我们把宋代的坐具称为更加"理性"的坐具，因为在这段时期3个主要宗教联合起来，在哲学思想方面进一步交流。一方面是因为宋代宫廷的支持，比如，皇帝赵匡胤；另一方面是因为当时的寺庙受到战争的破坏，佛教开始与其他宗教同化，甚至融入普通人的生活。由佛教演变出"禅学"，由"道"演变出"理学"，"禅学"长期影响"理学"的思想基础。② "理"在此意指"理由""合理的""法则""原则"。总的来说，"理学"研究宇宙的"法则"。

对于一件"理性"的坐具，其基本的特征是：具有（对环境的）适应性。这里的"环境"包括：自然环境、使用环境、人的身份、身体的舒适感。我们现在来观察以下3种坐具例子：

1. 普通劳动者的凳子

在王居正（1087—1151）的绘画作品《纺车》中（见图4-7），一位妇女劳动者正

图 4-7　王居正，纺车（绢画，部分）

高 26.2cm，宽 69cm

① 澹台卓尔. 椅子"改变"中国 [M]. 北京：中国国际广播出版社，2009：92.

② 佛光星云. 佛教历史 [M]. 上海：上海辞书出版社，2008：149-150.

坐在一把结构简单的凳子纺线。作品的简单构图、劳动者的服装和坐具的简朴性都证明了坐具的精美程度与该妇女劳动者的身份统一起来。具体来说，此类型坐具只在普通家庭或者手工作坊中使用。虽然简朴，我们却能从妇女劳动者的微笑中体会到她的快乐和满足感。这种满足可能来源于心态美和自然美。心态美建立在社会、文化、政治、经济、心理等多种因素的基础上，而自然美体现在作品的"自然主义"和"禅"的意境：自然和谐，空而不虚，富于想象。

2. 富人的扶手椅

宋代作品《蕉荫击球图》描绘了一位妇女和三个孩子在玩击球游戏，幸福感洋溢在人物的表情上（见图4-8）。家具简洁而优美：扶手椅的坐板由细绳纺织而成；扶手成弧形，它由单独一根木支弯曲而成，扶手的前端成外钩形，可供手握。整个扶手护围人的上半身，给人以体贴感和舒适感。这种扶手造型在世界中西家具史上属于首创，往后这种造型在中国家具制造中得到广泛使用。4条腿构成两个X形。整把扶手椅由多根木条构成，没有使用木板。整个的结构具有简洁、通透、优秀等特征。椅子和它前面的桌子的结构特征完全统一，因此两者很匹配、协调。家具的简洁性与作品构图的简洁性统一起来。简洁性也符合"道"和"禅"的思想主张。

图4-8 佚名，蕉荫击球图，高：25cm，宽：24.5cm

北京故宫博物院

3. 文人的扶手椅

唐太宗李世民（约 598/599—649）曾亲自组织文学院的工作。如宋代画家画的《十八学士图》（局部），其中的 18 位学士都在李世民组织的文学院里。这张宋代的绘画作品（见图 4-9）展现了唐朝的学士们在一起交流的场面，展示了当时文人学士的学术生活。图中正前方，一位学士正坐在一张扶手椅上，他和其他学士的目光都聚焦在右边两位女子展示的中国绘画作品上。该画与画中画的风格和内容互相呼应、协调统一。

图 4-9　佚名，十八学士图，北京故宫博物院

现在，我们来观察图 4-9 中的这张扶手椅。构成椅子的四条腿，也支撑扶手。扶手与靠背同一个水平线上，并联结在一起。两种功能或者多种功能的合并，是结构简单化的其中一种手段。合并之后的整体结构确实显得简洁、精练。绿色坐板和前面的同色垫脚凳互相呼应。椅子中的大部分木条均为黑色，其中少量的金色横条起到点缀的作用，感觉很醒目，也使椅子显得精细和优美。

除了坐板和垫脚板，整个结构钧由精细的木条构成，留出大量的空间，使椅子很通透。简单性和空灵性与中国传统绘画中的"空留白"概念一致。在此，笔者认为，"空"可以有两个解释：（1）"空"即"道"中的"无为"；（2）"空"即"有"。这张椅子中的"空""有"什么呢？笔者认为，这些"空"可以体现椅子的内空间与外空间的统一协调性，这些"空"间也是人与自然沟通的"渠道"。"无为"观念也体现在"无多余装饰"的特点上。

这把椅子与儒学的"诚"互相呼应。"诚"才会"考究"，"考究"才会"文质彬彬"。"诚"是"文质彬彬"的其中一个条件。我们可以从两方面去理解"文质彬彬"这个术语。（1）人应该考虑到两个重要因素：装饰与功能。"文"即今天讲的"装饰"，"质"即今天讲的"功能"。"彬彬"意指装饰和功能应该适当。一个实用的物品不应该过于豪华，应该与使用物品的人物的身份一致。（2）在现代汉语中，"文质彬彬"是指一个善良、真诚、有礼的人。我们尝试把以上两方面的理解结合起来，汇成一句话：一把"文质彬彬"的椅子与一个"文质彬彬"的人互相协调统一起来。

4. 佛教的扶手椅

在宋代，佛教盛行，且占统治地位。佛教坐具与其他风格的坐具一样吗？

刘松年（约 1155—1218）的绘画作品《罗汉画像》（见图 4-10，局部）描绘了一个体型宽厚高大的僧人正坐在一张扶手椅上，前来向他献礼的是一个体型相比较矮小的凡人男子，他的身高与椅子的扶手的高度一致。在这张作品中，我们发现以下几个对比：大与小，高与低，神圣性与世俗性。这些对比给我们什么启示？是突出地位的高低，还是突出佛教的高尚性，或是表现神的超自然能力和可依赖性吗？或许我们可以从以下的坐具分析中得到一点启发。

图 4-10　罗汉画像（局部）

作品中所描绘的佛教坐具与其他坐具有两个不同之处。第一点，这把佛教坐具配有宗教色彩浓厚的毯子，毯子覆盖在靠背和坐板上。也许我们可以把毯子形容成"佛教之路"，僧人在修行的"路"上。这也体现了僧人对佛的热爱情感，也体现出佛的神圣性。第二点，"无为"的装饰特征。椅子的构件保留木材的原色，唯有前横条加上一些云纹图案。这种图案属于道教的图案，因为道士相信神仙在天上居住，并踏云而行。当我们说"踏云而行"时，道教思想的神秘性自然突现。采用云图案，也从另一角度证明了3种主要宗教的互利共存的发展特征。

5. 道教的宝座

《朝元图》（见图4-11）是山西永乐宫内的壁画。永乐宫是中国重要的道场之一。它在元代初期经受了一场火灾，其重建工程历时15年。它的初名是"永乐观"，在古代汉语里，"观"即"庙"。现代汉语的"宫"即法语的"Palais"，即英语的"Palace"。把"庙"改成"宫"，可见当局皇权对道教的重视和喜爱。

图4-11 朝元图（局部），山西永乐宫，元代

这幅壁画描绘了众仙朝拜玉皇大帝的场面。虽然壁画有一些脱落，部分已经变色，我们依然可见玉皇大帝的宝座的基本结构。4条腿成方形柱子，其造型宽厚有力。宝座还配有垫脚凳。靠背凸起，如人的头部。靠背左右侧的横条比头部低，且略向外下倾斜，犹如人的双肩。椅子左右两侧的扶手比"双肩"低，犹如人的双手。从靠背到扶手，再到坐板，整个结构犹如一个宽大的怀抱，正拥抱着端坐在宝座上的人或神仙。坐

在宝座上的人或者神仙应该能体会到安全感和依托感。

除了宝座外，壁画中还有 4 个因素值得我们关注：第一个因素是色彩。使用得最多的颜色是蓝色和红色，此两色的结合能产生强烈的对比感。可惜随着时间的推移，因风化作用和氧化作用，蓝色已经变成翠绿色。第二个因素是玉皇大帝的体型比众神仙的体型宽大许多。这种对比是不是为了突出神仙之间的等级分类？如果是，这便再次证明"神仙"即人类的异化。人类把人间的等级制度异化成仙界的等级制度。第三个因素是该玉皇大帝形象成为一个历史典范，在之后的年代里得到广泛应用。它不仅用于道教的壁画中，也常用于世俗的年画中。① 第四个因素是道教思想的门并不关闭，在艺术表现形式方面，它接受佛教中的"光环"形象。"光环"增强了神仙这个"特定身份"的神秘感及其超自然能力。既然玉皇大帝的体型比其他神仙的体型高大，其光环也显得比较宽大。

（三）元代的实物扶手椅

1271 年，忽必烈（1215—1294）掌握政权，建立元帝国，统一了中国各民族。这次的统一为各民族的文化融合提供了宝贵的机会，其中包括：蒙古文化、西方文化和汉文化。② 这种融合也体现在当时的家具设计里。此时，出现了多种不同形式的椅子，如，靠背椅、交椅、圈椅和扶手椅等。中国由此进入垂腿而坐的时代。

图 4-12 中的圈椅是目前我国所发现的唯一一张元代实物坐具。其实，同样的款式已经出现在宋代的绘画作品《焦荫击球图》里（参考上文）。元代的家具追随宋代的家具，其发展速度并不快，其创新性并不明显。元代的家具和宋代的家具一样以简单性为主要特征。人们采用单一圆木弯成弧形，同时构成靠背和扶手，且与两条前腿相连接。4 条腿构成两个 X 形，因此，椅子可折叠。坐板由细绳编织而成，有一定的舒适感。垫脚凳不放在地上，而直接安装在下方横条上，此为创新点。靠背上的云图案，以及前腿上方部分的云造型，都体现了道教对家具设计的影响。

从宋代开始，椅子已经进入百姓的家里。中国的椅子演变一直伴随着宗教的影响和人类思想的发展。与宗教一样，中国坐具不断尝试改变造型和装饰风格，以适应不同的社会环境和社会条件，例如：政治环境、社会等级制度和经济水平等。在各种不同的坐具中，结构的简单性和坐具的舒适度都得到进一步发展。另一个创新点是单一圆木条弯曲成靠背和扶手，且前扶手端向外卷曲。从元代起，曲线美成为其中一个特征。此后，宗教继续影响家具设计。在"理"学思想的氛围里，元代的坐具比宋代的坐具显得更加"理性"（更具人文色彩），这为即将到来的明代家具的设计风格作了铺垫。

---

① 世俗人们认为，年画中的玉皇大帝能为人间带来美好的事物，比如，丰收和幸福。透过这幅壁画，可见道教在当时受到人们的尊重和喜爱。今天道教活动在民间依然盛行，尤其是在农村地区或者小城市里。大都市里的人因为生长环境里没有类似的活动，对道教活动不了解，或者了解甚少，因此，我们无法判断这部分城市人是否接受了道教。

② 高丰. 中国设计史 [M]. 北京：中国美术学院出版社，2008：164.

图 4-12　圈椅，元代

五、中国椅子的发展高峰（1368—1700，明—清）

（一）明式

椅子传入中国后，经历了三个阶段：接受阶段（前1世纪—5世纪）、转化阶段（5世纪—10世纪）、发展阶段（10世纪—14世纪）。从明代中期到清代初期（1400—1700），中国家具的发展进入顶峰阶段。今天，明式家具已经享誉世界，尤其是在家具行家和家具收藏家范围里。明式家具是古代中国的珍贵遗产，其发展一直伴随着政治、宗教、哲学等多领域的发展。"明式家具"意指在明代中期到清代初期制造使用的家具，清代中期起制造和使用的家具称为"清式家具"。

1368年，朱元璋（1328—1398）建立明朝。其初期依然是战乱年代，此时的经济发展和家具发展属于中断时期。朱元璋非常关注并大力推进社会经济的发展，封建主义经济因此发展得很快，国家设立了许多皇家手工作坊，商品比以往丰富许多。某些地方出现资本主义生产方式，手工业生产达到了高峰。①

---

① 高丰. 中国设计史［M］. 北京：中国美术学院出版社，2008：213.

明式坐具主要分为以下 9 种①：方凳/机凳、坐墩、交杌、长凳、靠背椅、扶手椅、圈椅、官帽椅、宝座。

在以下的章节里，我们将首先观察明式坐具的 3 种基本款式，以让我们对明式家具有一个基本认识。最后，我们将对明式家具进行深入分析。这样，我们将更清楚为什么明式家具具有这么多的特征（或者说这么多品质）。

（二）明式扶手椅

我们首先来观察一张四出头官帽椅（见图 4-13）。"官帽椅"这个名称来源于靠背的特征：靠背借用了官帽的造型。靠背横木超出支撑木即为"二出头"，扶手超出支撑木也称为"二出头"，如果兼具以上两个特征，则称为"四出头"。在这张四出头官帽椅中，坐板以上的部分的大部位构件均为弯曲形，如：扶手及其支撑木、靠背和上横条。坐板以下部分则为直线形，如：四条腿、下方的横条。坐板由细绳编织而成。扶手的中间支撑木条成花瓶形状。从审美角度来看，这张椅子的结构是完整的，因为制造师采用了点、线、面三个基本构成元素："点"体现在扶手和上方横条的端点、"线"体现在所有构件中（除了坐板以外）、"面"体现在方形的坐板上以及靠背竖板。靠背竖长板被做成"S"形，以符合人的脊椎的结构特点。从舒适体贴的靠背可以看出，制造师已经考虑到"人体工程学"，虽然当时还没有这个专业术语。

图 4-13　四出头官帽椅，约 16 世纪

---

①　Shi Xiang Wang. Mobilier chinois［M］. Paris：Edition du Regard, 1986, p. 15.

体现在椅子中的线条让我们想起中国写意画中的不同的笔画：直笔画、弯笔画、细笔画、粗笔画、轻笔画、重笔画、浅笔画、深笔画。在各种笔画之间，可见留白。比如，靠背中轴长板两侧有两个留白位，这便于椅子内与椅子外进行"沟通"。似乎，中国画中讲究的"虚"和"实"两个基本概念都应用到这张椅子中。"内外沟通"概念被广泛应用于西方 20 世纪的家具设计中。然而，家具理论家却很少将中国画理论融入家具的分析，也很少谈到中国画理论对世界家具和建筑设计发展的影响。

图 4-14 所示的官帽椅具有上面谈到的四出头官帽椅的主要特征，其中一个不同点是：坐板下方的横檐采用对称云纹造型。另一个不同点在于靠背上方的横条中部的凹处。我们可以把这条横木称为"搭脑"。增加凹处的目的是给人的后脑部分增加舒适感和稳定感。

图 4-14　官帽椅，约 16 世纪

图 4-15 所示的扶椅子称为圈椅，也可称为太师椅。靠背和扶手连接成一体，围成半圆形，围护着坐在椅子上的人，圈椅因此而得名。因为人在休息时，双手自然往下垂放则显得比较舒适，因此这个半圈成向下倾斜造型，而且比宋代和元代的扶手的倾斜度更加大，完全符合"人体工程学"的原理。假如这个半圈呈水平状态或者倾斜度不够，

人的双手被抬起（如举起），可能显得不自然，因此得不到放松。与上方介绍的官帽椅和四出头官帽椅不同的是，靠背中轴木板上刻有装饰花纹：上方采用云纹图案，云纹中包含了一朵花的造型。云纹下方刻了一幅中国画，其下方的方形图案由一组对称的云纹构成。这个方形也让我们想起中国画中的红色印章。除了采用云图案，这张椅子中还有植物图案，体现在坐板下的几条横板上。扶手前端的卷曲形沿袭宋代的风格。此外，它与上面谈到的官帽椅具有几个共同特点：（1）前檐上的对称云纹与上面介绍的官帽椅属于同一种风格；（2）坐板以上部分体现曲线美，而下方部分体现直线美，体现出力量感，使椅子的基础部分给人以结实感。

图 4-15 圈椅，或称太师椅，约 16 世纪

（三）塑造明式家具的动因

中国家具史学家们经常谈论到明式家具的特征，但是他们没有谈到塑造明式家具的历史动因。他们的分析主要建立在审美的基础之上，时常停留在事物的表面。但是，如果不谈论塑造它的因素，我们怎么能够全部地欣赏一件家具并找到它的人文精神？所有的事物都有其存在的理由。在创造一件实用物品的或者艺术作品之前，我们首先需要一个理由（目的、欲望、目标）。这是完全可以理解的。

通过审视明式家具的历史，笔者发现 6 个决定性的历史动因（也许还有更多的动因等待我们去发现）。

第一个动因牵涉材料问题：坚实而高品质的木材主要来源于东南亚国家。在明代初期，航海家和外交官郑和（1371—1433）于 1404 年开启下西洋的历史。他共下西洋 7 次，最后一次是在 1433 年，在航行中去世。他从东南亚国家带回高品质木材：黄花梨、紫檀等。

第二个动因与当时的社会和文化有关：江苏省位于长江以南，风景优美。明代的江苏贵族和富人兴起建造私人花园之风，他们经常在花园里接待客人、游玩、下棋、写书、作画等。这是理想的中国传统生活方式。大量的私人花园肯定需要装配大量的家具。因此，如果没有大量的花园，中国家具的发展高峰时期完全有可能向后推迟。

第三个动因是文人的观念。文人们参与到家具的设计和制造工作中。大部分私人花园的主人都是文人。他们用文人的思想和特别的标准来评判建筑和家具的设计和建造。这些文人包括：文震亨、高濂、计成、李渔等。①

计成（1582—?），诗人、画家、花园设计师和理论家。1634 年，他著有《园冶》一书。此书在园林建造方面属于世界第一部。在书中，他强调设计师和设计的重要性。他认为，人们应该在追求时尚的同时，考虑到优雅。人们应该审慎地模仿古人的画，从中学习。另一个文人是文震亨（1585—1645）。1621 年，他写了一部著作《长物志》。在书中，他主张设计的简单性。李渔（1610—1680）是传统戏剧的理论家、大作家、设计理论家，他的思想与文震亨的思想一致。②

第四个动因是政治和经济的支持。宋代的家具已经得到高度发展，明式家具在很大程度上继承了宋代的设计风格。王世襄认为，明式家具也得益于高度发展的商业和明代的经济增长，另一方面也得益于自由交换的政策，由此而带来大量进口商品，比如，进口的坚硬木材，它是制造高品质家具的前提。③ 在自由交换的政治下，尤其是从宣德年间（1426—1435），中国经济增长迅速。交通方式不断增加，道路得到扩大，人们的生活变得富裕了。自然，在这样的社会背景下，各式家具也随之问世。

第五个动因是中国建筑的影响。王世襄认为，木建筑是无钉家具的来源。在建筑中，柱子一般是圆形的、竖的，安装在石座上。为了结构的稳定性，柱子向内倾斜，这样，建筑的底部就会比顶部更加宽大。为了保证椅子的稳固性，有必要借用稳固的建筑结构原理。中国木坐具如古典木房子一样，较少使用钉子和胶水，但是，稳定性、坚固性和耐用性却得到保证。④

第六个动因是佛教的影响。既然椅子来源于佛教的传播和影响，椅子在早期也具有

① 高丰. 中国设计史［M］. 北京：中国美术学院出版社，2008：225-226.
② 高丰. 中国设计史［M］. 北京：中国美术学院出版社，2008：231.
③ Shi Xiang Wang. Mobilier chinois［M］. Paris：Edition du Regard，1986，p. 7.
④ Shi Xiang Wang. Mobilier chinois［M］. Paris：Edition du Regard，1986，p. 13.

浓厚的佛教特征。发展到明代，椅子依然保留早期佛教风格椅子的特点。正如王世襄所说，北宋时期的束腰家具肯定是从佛教的基座演变而来的。① 我们在上面也说过，明代家具在很大程度上继承了宋代家具的风格。所以，这一时期的家具也应该具有佛教椅子的特点。

（四）明式坐具的特点

明式家具不仅有众多款式，也有许多特征。然而，一方面，每一款家具都有其特殊的特征；另一方面，每一个专家都可能有不同的分析和不同的看法。因此，不管外国人还是中国人，我们都很难找到对每一个人都有说服力的共同特征。虽然家具是物质性的，然而，特征上的模棱两可性却说明了明式家具是带有抽象性特征的（开放的）艺术。所以，我们很难用具体的词汇来表达它的特征。因此，我们只能列出一个长长的特征清单。我们要保持开放的精神和思想，同时还要承认一个人的想法仅是另一个人的参考。

在做这个清单之前，我们先来看看三名学者对明式家具的分析：

苏州是明式家具的发源地，苏州人是家具领域的先驱。为此，王世襄评论道：

> 苏州人很聪明，而且喜欢古董。他们喜欢古代家具制造方法……他们喜欢简单造型的复杂雕塑；但是当他们装饰家具时，他们总是跟随着商朝、周朝、汉代的典范。这种方法流传全中国，到嘉靖（1521—1566）、隆庆（1566—1572）、万历（1572—1620）年间达到顶峰。②

"造型简单的复杂雕塑"意指家具的整体结构（看起来）是简单的，但同时又是一个复杂的雕塑。复杂表现在两方面：一是装饰图案复杂。这些图案一部分来源于商、周和汉的器具；二是整体结构很考究，变化丰富，正如我们前面说过一样，结构是抽象的，难以用一个简单的词汇来描述它的特征。抽象性便是复杂性所在。明式家具不仅是实用的工具，而且已经达到"雕塑作品"的艺术水平。明式家具是实用的"艺术作品"。这进一步说明，明代的文人重视家具的设计、制造和研究，家具设计达到精益求精的地步。

根据高丰主编的书《中国设计史》③，明式家具具有以下4个特征：（1）家具和建筑构成协调统一体；（2）功能和规格很考究；（3）线性美得到强调；（4）结构的坚固性得到证实。以上这4个特征体现了中国木建筑的影响。换言之，明式家具与木建筑相呼应。这是建筑化了的家具，因此，是建筑式家具。规格与功能相呼应，没有任何多余

---

① Shi Xiang Wang. Mobilier chinois［M］. Paris：Edition du Regard，1986，p. 14.

② Shi Xiang Wang. Mobilier chinois［M］. Paris：Edition du Regard，1986，p. 9.

③ 高丰. 中国设计史［M］. 北京：中国美术学院出版社，2008：226.

的元素降低功能的质量。美由直线和曲线的结合体现出来。明式家具很坚固。简言之，它拥有这些好品质：好的造型、好的功能、美感、结构坚实，明式家具无可挑剔。

另一个分析更加简要，但是缺少几个重要的方面。根据陈于书主编的书《家具史》①，明式家具有以下4个特征：（1）造型简单；（2）结构严格；（3）装饰合适（适当）；（4）图案很美。"结构严格"说明了设计师考虑到人体的特点。但是这篇文章的作者分析明式家具时，没有考虑到家具与建筑的关系问题。

如果我们只看家具的表面，王世襄所列出的特征清单几乎是完整的②：

第一，7种品质与自然和真实性，这是明式家具最重要的因素：

（1）简练；

（2）纯朴；

（3）厚重；

（4）凝重；

（5）雄伟；

（6）圆滑；

（7）深沉；

（8）荣华。

第二，以下两个特征与上面7个特征形成对比：

（1）文艺；

（2）艳秀。

第三，我专门把两个看似矛盾的特征分组：

（1）活力；

（2）流畅。

第四，两个相互依存的特征：

（1）空灵；

（2）玲珑。

第五，两种质量：

（1）典雅；

（2）清新。

（五）明式家具的新理解

很显然，以上分析表明，没有一个历史学家直接把明式家具的设计与"道"的思想、中国的传统绘画理论和中国古典建筑联系起来，然而这些思想和理论的历史要比明式家具历史更长远。没有这些因素的影响，不可能塑造成明式家具。因此，与明式家具

---

① 陈于书，熊先青，苗艳凤. 家具史 ［M］. 北京：中国轻工业出版社，2009：197.

② Shi Xiang Wang. Mobilier chinois ［M］. Paris：Edition du Regard，1986，p. 41.

相关的分析不可忽略这一点。除了以上分析，笔者认为有必要补充 6 点，以便与以上的思想和理论建立直接的联系。

1. 触摸的舒适感

首先，毫无疑问，明式家具完全符合人体的比例和结构特点。现代术语"人体工程学"的思想意识在明代已经出现。比如，椅子的靠背被弯成 S 形，体贴人的脊柱，令人产生舒适感。此外，坐板与靠背呈 100°角①，这与人体的倾斜度相呼应。这些设计理念从明代开始出现，如今我们正在人体工程学方面努力研究。因为，人们不仅要求一件坐具拥有美感，而且还要求它能给人体带来舒适感，甚至还要求它给人的心理带来某种安慰感。

此外，人们在设计坐具时，通常会考虑到头部、背部、臂部、臀部、脚部、手部等部位的舒适感。明式坐具的扶手一直是由圆形木条做成，有时扶手前端向外卷曲，经常带有一个圆头。当人坐在这样的坐具上时，手握圆形扶手，部分人可能因为这个接触动作而感受到某种乐趣。关于"接触的乐趣"或者"触摸的乐趣"，一般来说，人的手喜欢握住一个圆形（如拿破仑波拿巴的宝座上的两个圆球）或者圆柱形的物体，而不是方形或者长方形的物体。比如，一个盘子是圆形的；拐杖、笔、红酒瓶者是圆柱形的；人体上圆形或者圆柱形的部分也是人类最喜欢触摸和握住的部分：乳房（圆形）、手腕（圆柱形）、臀部（圆形）、阴茎（圆柱形）。在欧洲巴洛克风格、洛可可风格或者帝政风格的坐具中，扶手经常被做成方形，或者用花纹样来装饰，这仅仅是为了支撑人的手部，而不是为了让人握住或者触摸。但是，中国古典家具中的扶手则兼具以上两种的功能：支撑和握住（触摸）。

2. 坐具与人的精神

一般来说，一件坐具不能被当成一个人体来看待。然而，人的精神却可以被引入坐具中。我们在前文已经谈论到古代丝绸之路的建立所体现出来的古代中国人的坚强精神。不管是从视觉上还是从结构上看，明式家具中的坚强精神表现在稳定性和坚固性。

扶手椅的上部有圆形、细腻、弯曲的木件，显得轻和灵巧；而下部通常是由硬直的木件构成，显得重、牢固、稳定。我们可以把下部当成一个坚固的底座，支撑上部。想象一下，如果上部重，而下部轻，坐具的稳定性就得不到保证，它便令人无法感到平衡。总之，明式家具的设计师们追求一种整体平衡性。

然而，这里讲的"平衡性"不仅牵涉物质性质的平衡性，还牵涉人的精神的平衡性。因为，制造一把椅子不仅是为了满足日常的使用（实用功能），也是为了满足观看的乐趣和体现主人的思想和精神。当一个观者感觉到椅子的稳定性时，他同时感觉到内在的稳定感觉。即，从对外在事物的客观体验转移到内在心里的感觉。不难理解，明式坐具确实可以体现人的精神。

---

① 高丰. 中国设计史［M］. 北京：中国美术学院出版社，2008：227.

3. 坐具与宇宙观

坐具的上部均由弯木做成。例如太师椅，整个扶手和靠背形成一个单一半圆形整体，我们可以尝试把这个（半）圆形看作中国古人眼中的"天圆"，或者圆形的"宇宙"。坐具下部由方形直木条（板）构成，尤其坐板是正方形，4条腿和坐板也构成了一个通透的正方体空间。我们可以尝试把这种方形看作中国古人眼中的"地方"。李立新在他的著作《中国设计史论》一书中也提及"天圆地方"的概念，虽然该书没有直接把这个概念与家具联系起来，但是，作为中国人对宇宙的形体的第一种观察和第一个推理，这个概念应当影响了中国古代的造物观念。① 由此可知，在古代中国的观念中，"天圆地方"的宇宙观念，深深影响了人们的生活，我们也有理由认为"天圆地方"概念已融入明式家具的设计中。在地球的另一边：欧洲，拿破仑的宝座的设计者和制造者也演绎这个中国古老的宇宙观念：宝座的靠背呈圆形，坐板呈方形。

中国古人在明代时已经把"天圆地方"概念融入坐具设计中，把坐具当成一个微型"宇宙"，而坐在坐具上的人则是宇宙中的一部分，具体来说，"人在天地间"。为单一个体塑造一个微型世界，这种世界观也具一定的人文主义思想。用现代汉语来讲，就是"尊重个体"。我们不妨回顾永乐宫的壁画《朝元图》，图中的每一位道士均有一个光环追随身后，这个观念也应该与"个体小世界"观念有关。这两年，我们在生活中常常说到个人的"气场"。以上的说法均以"人"为中心，把"人"放到宇宙中来看待，或者说，把人放到世界中来看待。这样的世界观具深远的意义。

4. 无为

我们已经在"绪论"里谈论到坐具的设计概念的形成和具体化过程。在这个过程中，"道"的获得和具体化构成了制造项目的中轴线。现在我们来考察"设计概念"的内部，并找出其所包含的标准、原则和方法。

我们已经谈论了许多明式家具的特征，然而，我们似乎走得太近，我们把自己放进了一个无形的繁琐的细节陷阱里，导致我们无法看到家具这个实体的整体特征。明式家具没有一件多余的装饰物，它向我们展示两个品质：简单和真诚。其中简单性包括结构的简单性和装饰的简单性。真诚体现在整体的感觉中，如，大结构要考究，小细节也要考究。这两个品质回应了"道"的原则，即老子和孔子的思想共同点。老子主张"无为而治"，意指"适当而为"，"为而无为"。具体来讲，做应该做的事情，做了却不是刻意做的，不为做而做。这个概念可以演绎成"不装饰""装饰应该装饰的""不为了装饰而装饰""装饰而不显得多余"。孔子强调"文质彬彬"的审美观念，要求功能与装饰之间的和谐统一性。"文"指装饰，"质"指功能，只有当装饰与功能和谐统一，物体才显得美。孔子主张要装饰，但是要做得适当，不可有多余的装饰，装饰不可影响功能的发挥，也不能超过功能。总之，"文质彬彬"审美观念的主旨是谐调统一形式、功能和装饰三者的关系。要做到和谐统一，要求设计者和制造者必须真诚面对他的工

---

① 李立新. 中国设计艺术史论 [M]. 天津：天津人民出版社；北京：人民出版社，2011：53-55.

作，考究的细节统一在考察的整体中。

然而，所有这些仅停留在事物的表面。为了给我们自己在"道"中定位，我们必须找到更加具体的标准和原则：相对性的哲学。

5. 相对性的哲学

"有"和"无"（虚与实）的理论事实上应该包含两个方面，其中一个牵涉功能，另一个牵涉审美。这两个方面可以融入艺术作品中或者具有审美价值的实用物品中。

《道德经》第十一章里提到了"空"与功能的关系：

> 三十辐，共一毂，当其无，有车之用。埏埴以为器，当其无，有器之用。凿户牖以为室，当其无，有室之用。故有之以为利，无之以为用。

原则很简单，我们使用物体的"空"间。比如，我们住在"空"房间里。如果房间装满东西，我们就无法在里面居住了。如果我们不能住这间房，它便失去了"居住"功能。一把坐具应该留出"空"间，让人去使用它。

我们来到"有"和"无"概念的艺术方面。明式坐具的整个结构没有填满，正如我们上文说的，坐板和4条腿构成一个通透的四方形。上方的弯木也构成了多个"空"间。坐具显得很透明，提供内外沟通的可能性。在中国文化里，这种"内外沟通"可以理解为"气"的流通。假如，坐具这个微型世界有气息流通，这个世界便有生机（有生气）了，坐在里面的人也有生机了。

当然，"空"与"无"的比例必须协调。我们常说，中国画是留白的艺术，换言之，画家"计白当黑"，因为已画的事物，即"有"或"黑"，暗示隐藏在未画的"空白"处的事物。中国画家追求的其中一个价值是"黑"与"白"的和谐比例。明式坐具完全符合这种标准。

《道德经》第二章谈到了相对性："……有无相生，难易相成，长短相形，高下相盈，音声相和，前后相随，恒也……"根据这个观念，可见的形式应该在审美原则下得到严格的考究：高低之间的比例，前后之间的比例，简单与复杂之间的比例。考究的形式决定了"空"间。老子的相对性哲学可以应用到造物中。

跟随先人的思想观念，明代的设计师和手工艺人致力于创造一种有中国特色的家具风格。这种风格的坐具能给人的身体和心理带来舒适感。比如，触摸的舒适感。这种风格的坐具在外形上能体现中国特色的审美特征，在内涵上能体现中国人的坚强精神和智慧。总之，明式坐具的特征可列成一个长长的清单，当中最有哲学价值的便是把"道"的观念具体化（或者物化）。从设计观念或者从结构的角度来看，明式风格体现了简单的形式和适当的装饰的特征，它同时也表现得像复杂的雕塑作品。正是这种观念使明式家具更具欣赏价值，让它更加卓越。明式家具的繁荣景象一直延续到清代初期。我们将在下一章里谈论它走向衰败的历史原因。

六、明式家具的演变（1644—1911，清）

在整个清代，中国都在面对外国的竞争：西方国家、亚洲国家和美洲国家，竞争领域涵盖政治、文化和经济。这些竞争影响中国艺术和手工业。事实上，在明代末期，由于国际商业流通的发展，进口的西方家具已经给中国本土家具带来冲击，到清代初期（约1700），明式家具开始失去吸引力。我们首先来看几个例子：

（一）清代的扶手椅

图4-16、图4-17、图4-18是3把可折叠扶手椅，其基本结构一样，但是它们分别标记了中国椅子的3段不同发展时期。元代的扶手椅（见图4-16）标记了中国椅子的发展初期；明代的扶手椅（见图4-17）标记了中国古典家具的发展高峰；清代的扶手椅（见图4-18）标记了明式家具的结束，也标志着西方的巴洛克和洛可可风格与中国的明代风格互相融合的开始。在清代的扶手椅中，扶手似乎呈向内封闭状，而此前的扶手是向外开放的。扶手前端比以往更加豪华，但是审美韵味减少了。连成一体的靠背和扶手成不规则曲线，显得比元代的扶手椅更加复杂。从繁多的金色装饰元件来看，设计者和制造者似乎想在这张坐具上体现皇帝的奢华生活，它简直是一把休闲式的"宝座"。如果我们用"文质彬彬"的标准来衡量这把坐具，其装饰性已经胜过功能性，达到"喧宾夺主"的程度。但是，这把坐具的设计者似乎不想表现椅子的坐的物质功能，而是想表现主人的精神功能，即表现皇权和金钱的威力，如果是这样，"喧宾夺主"的做法便也可以理解了。这种夸张的装饰风格应该是来源西方巴洛克和洛可可风格。

图 4-16　元代扶手椅

101

图 4-17　明代扶手椅　　　　　　　　　　图 4-18　清代扶手椅

高丰主编的《中国设计史》①把清代家具的特征总结成 3 点：（1）结构庞大、豪华、沉重；（2）装饰很漂亮且复杂；（3）受到西文建筑、巴洛克和洛可可风格的影响。作者还认为，清代家具开启了家具西方化的进程，豪华的装饰与清代的建筑风格一致，清代家具的装饰不具有功能性。也就是说，非物质功能比物质功能更加卓越。

根据陈于书等主编的《家具史》，除了以上的特征以外，我们可以增加一点：清代家具的制造者采用太多的装饰元素，没有考虑到家具的整体性，具体来说，就是结构的比例以及椅子的颜色搭配不协调。

几乎所有中国家具史学家都认为，清代家具表达宽广性和沉重性。问题是，如果一件家具比例失调，它可能显得粗俗。另外，我们还发现，清代的家具不再沿袭明式家具的简单性，而是彰显复杂性。复杂性表现在如下 3 点：（1）把明式家具的简单曲线演变成变化多端的曲线；（2）在明式家具的简单结构上加入复杂的装饰元素；（3）在物质实用功能上增加了非物质功能，而且后者比前更加突出。

清代家具所表现的复杂性和奢华性并不是偶然的，它们应该与清代的社会环境有关。因此，以上所述的复杂性让我们想起清代宫廷和清代政治以及清代社会的复杂性。现在我们来谈影响清代家具的社会因素。

（二）外国竞争导致的问题

李立新的《中国设计史论》②为我们讲述了几种引进西方商品和西方设计的途径。

---

① 高丰. 中国设计史［M］. 北京：中国美术学院出版社，2008：263.

② 李立新. 中国设计艺术史论［M］. 天津：天津人民出版社；北京：人民出版社，2011：155-156.

我们从中引用几个，并增加几个细节。

第一点牵涉来华传教的西方的传教士。比如，意大利传教士马特奥·里奇（Matteo Ricci，1552—1610）于 1583 年来到中国传教，同时还带来西方物品，并送几件给了当时的皇帝。意大利天主教耶稣会的传教士和画家郎世宁于 1715 年来华传教，并进入宫廷做画师，也参与中国建筑的设计工作。此时的欧洲巴洛克艺术开始失去吸引力，逐渐走向洛可可风格。郎世宁在中国工作达 51 年，他曾参与圆明园的设计工作，所以圆明园具有明显的欧洲巴洛克风格和洛可可风格。当时的圆明园古董和艺术作品的收藏量属于世界之最。可惜，圆明园于 1860 年被英国和法国军队洗劫一空，并烧毁所有建筑和遗留物。残留的粗大夸张的柱子证明这一场夸张无情的抢劫。这些残缺不全的柱子似乎在说明中国已经被西方国家打得残缺不全。此时，鸦片战争（1840）才刚过去 20 年。

第二点是商业交换。明代末期（1600 年左右），西方商品开始进入中国市场，而且越来越受到中国人的喜欢。比如，眼镜、望远镜、手表、镜子等。到清代末期（1900），西方商品，如，电话、电灯等进入中国，并成中国日常生活中不可缺少的东西。对于中国的手工业商品来说，西方大量的工业商品进入国门构成了巨大的挑战。结果，在 32 个手工行业中，7 个行业不得不停止生产。中国封建社会走向衰败。此时，中国进入一个过渡时期，人们不断谈论中国各领域的发展方向。

清代家具的设计（1700—1900）促使我们谈论一些清代出现的社会问题。这些问题一方面是由西方商品和西方的工业生产技术进入中国而引起的。另一方面，是因中国内政的衰弱而引起的。当时国家官员们过分追求奢华的生活，在我们看来，这种生活演变成一种腐败的生活。

在明代末期，一些西方传教士、画家和艺术家来华传教，并参与国家事务。他们带来的产品逐渐改变了中国人的审美品位，西方工业产品对中国手工产品的竞争开始了。起初，中国人并没有被动地接受异国情调的事物，带有一定的审慎态度，同时还积极讨论中国的发展方向、中国传统体制和西方技术之间的关系和走向。然而，在这一进程中，机械主义占了上风，因为当时大部分中国人否定并放弃了自己的民族价值，机械地全盘接受所有来自外国的事物：艺术、产品设计、技术和生产方式等。

清代之后，崇洋媚外的境况会不会得到改变？中西文化的结合方式会不会得到改善？

第五章 西方现代主义（1830—1960）

从 1815 年法国的复辟时期到 1850 年，欧洲人没有太关注家具的发展，所以，家具设计鲜有创新。在这个时期里折中主义占上风，多种风格同时存在或者被融合在一起：希腊、罗马、哥特式、巴洛克、洛可可、新古典主义、东方风格。

然而，正是在这个时期，出现了现代主义的萌芽。其中家具领域的现代主义的先驱是米歇尔·索耐特（Michael Thonet，1796—1871），他出生在德国，后来到奥地利发展事业，成为奥地利人。他的父亲是一个细木工，这也许影响了他的家具设计。1830 年，索耐特开始为德国著名的家具品牌比德麦耶（Biedermeier）工作。1849 年开办自己的家具工厂前，他的化学与机械弯木技术已经获得专利。1851 年，他参加在英国伦敦举办的第一次国际大展览，并获得铜奖。此后，他于 1856 年获得弯木制造家具的专利，这是一个更大的回报。我们有必要谈论这个具有高级资质的细木工。

一、米歇尔·索耐特的 14 号椅子

14 号椅子或者酒吧椅（见图 5-1、图 5-2）由 6 个木件组成，木件的直径为 3cm 和 10cm 两种。靠背由两条弯木构成，其中一条比较长，既作为靠背，也作为两条后腿。另一条比较短，作为靠背的补助，让人的后背依靠得更加舒适。一个大半圈围着一个小半圈。整个座位成圆形，首先用一条木件弯成圆圈，圆圈中间用草席编织成坐板，有时也用下凹的圆木块做成坐板，有时坐板用软包料。圆形的坐板下方有一个比它更小的弯木空圆圈，作为下横条，起到加固椅子的作用。以上两组圆圈（一大一小）构成一种有变化的节奏感，这正是 14 号椅子的其中一个韵味。4 条腿均向外弯，扩大了着地面积，增加了椅子的稳定性。从整体结构来观察，最上方（靠背）和最下方（脚部）成向外打开状，而中间部分（座位）呈收拢形状。

14 号椅子的造型具有两种主要品质。首先是结构上的简单性，它没有任何多余的构件，而且某些构件既满足实用功能的需要，也满足审美功能的要求。如靠背上的小半圈既起到补充靠背的作用，也起到加固靠背作用，同时还与上方的大半圈形成一种有层次的节奏美感。另一种品质是曲线美，体现在所有的弯木构件上。结构的简单性可降低椅子的成本，出售价格也自然会比其他同时期的坐具低。14 号椅子也具有很高的审美价值，如：我们上文所提到的"大半圈搭配小半圈"和"大圆圈搭配小圆圈"，还有"上下开放，中间收拢"等。低价格加上审美价值，使得 14 号椅子受到大众的喜爱。

图 5-1　米歇尔·索耐特的 14 号椅子，1850

图 5-2　3 位男演员使用 14 号椅子进行表演①

① Icons of an era：classic chair designs（一个时代的典范：古典椅子设计）．http：//fr. phaidon. com/agenda/design/picture-galleries/2010/september/23/icons-of-an-era-classic-chair-designs/，2013-01-22.

此外，其他两个优势也使 14 号椅子成为当时消费量最大的工业产品。首先，1 立方米体积的箱子可容纳 36 把 14 号椅子的构件，方便制造商装运工作。其次，把 6 个构件安装成一把椅子是一件容易的事，消费者完全可以自己在家完成这项工作。从以上两个优势说明了索耐特的生产效率和销售效率都很高。总的来说，索耐特在家具领域的研究主要包括 3 个方面：简单性、美、高效率。

这三个方面可追溯到米歇尔·索耐特的经历。1830 年，他为德国的比德麦耶工作时，应该注意到了家具的"简单性和实用方面"①。然而，比德麦耶的家具太贵了，只有少数人能买得起。米歇尔·索耐特尝试制造一种属于大众的家具。这种想法与英国作家和批评家约翰·罗斯金（John Ruskin，1819—1900）的主张一致。罗斯金不喜欢 1851 年所展出的工业大生产的产品，他认为这些产品没有美感。他强调，设计的图纸的重要性，它是必不可少的，设计师应该考虑到设计的社会功能。为了建立一个完整的社会，必须同时拥有艺术、美的设计，这些都应该为大众服务，而不是为少数贵族服务。② 但是，罗斯金仅仅说了一堆空话，因为他并没有努力改变当时的情况。还是米歇尔·索耐特经过深入的研究后，把这些"为民服务"思想具体化了。

事实上，弯木技术早在埃及（公元前 2800 年左右）已经得到应用，弯木技术也体现在希腊的克里斯莫斯椅上，后来还应用在 18 世纪英国的温莎家具（Winsor）上。但是，在索耐特以前的弯木技术都是用手操作的，而索耐特的弯木技术与以往古老的技术不同，他采用化学与机械相结合的方法。而且他第一个把弯木技术应用到工业大生产中。③

索耐特不仅是一个理想家，也是一个实践家。一方面，此前的高级家具都是为上层阶级而做的，普通人只拥有简单的家具，形式不美，质量也低。而索耐特把家具送到大众的家里，这样的想法和行为在当时是独一无二的。另一方面，正如图 5-2 所示，14 号椅子被应用到表演中，这也从侧面说明了 14 号椅子已经进入大众的生活中。从这一点来看，索耐特也是第一个考虑到人们的购买力问题的设计师。

米歇尔·索耐特以他的 14 号椅子，开启了现代主义家具设计之路。对于他来说，现代主义包含以下几个特征：简单性、经济性、高效率性、新形式和审美价值。总而言之，坐具应该服务于广大民众。奇怪的是，米歇尔·索耐特的设计并没有引起当时工艺美术运动的奠基人威廉·莫里斯（William Morris）的注意，后者更崇尚中世纪的艺术。

①　Edward Lucie-Smith. Histoire du mobilier ［M］. Florence Lévy-Paoloni. Paris：Thames & Hudson，1990，p. 136.

②　陈于书，熊先青，苗艳凤. 家具史 ［M］. 北京：中国轻工业出版社，2009：17.

③　［美］莱斯利·皮娜. 家具史：公元前 3000—2000 年 ［M］. 吕九芳，吴智慧，等，编译. 北京：中国林业出版社，2014：66.

二、工艺美术运动——威廉·莫里斯

在 1851 年的伦敦世界博览会以后，工业大生产出现了一些问题，一方面，它忽视了艺术的内涵；另一方面，它同时也在不断破坏环境。这个理论和科学发现挑起一个重要的审美革命，其中的革命家包括：理论家、建筑师和手工艺人。在他们当中，最重要的人物是约翰·罗斯金，他是作家和批评家，以思想影响艺术的发展。它的思想涵盖了三个方面：社会、政治和宗教。罗斯金的思想的忠实的实践者是威廉·莫里斯，他把罗斯金的理论应用到建筑、墙纸、地毯和家具中。我们先来观察威廉·莫里斯的作品。

（一）威廉·莫里斯的扶手椅

莫里斯的扶手椅（见图 5-3）给我们的第一印象可能是：舒适。这不仅体现在厚厚的软包料上，同时也体现在向后倾斜的座位和靠背，让坐着的人体味完全放松的状态。

图 5-3　莫里斯扶手椅，由莫里斯公司制造，1870

威廉·莫里斯采用演绎法和增加法这种独特的方式演绎中世纪的坐具。比如，靠背上方尖顶超出横木的高度，这种造型应该来源于哥特式建筑的尖顶，但是这个尖顶已经被莫里斯简化了。又如，两条后腿不再是独立的垂直木条，它们由坐板两侧的木条延长而形成，而且后腿与前腿以这种特别的方式连接在一起。再如，整个结构已经表明：哥特式建筑的特点（如我们之前讨论的，坐具是一个微型教堂）已经世俗化了，因为它看起来比中世纪的哥特式坐具显得更加自由、轻松，更具活力。同时，莫里斯也在中世纪艺术的基础上，增添了一些新元素。比如，扶手支撑木和下方横条木的圆珠形装饰；又如，中世纪的动物脚造型被轮子取代，椅子便可以移动了；再如，增加了刚刚创造新的图案，这也是莫里斯椅子的主要创新点。

（二）走向现代主义的过渡时期

1. 约翰·罗斯金的影响

约翰·罗斯金已经深入地分析过中世纪的哥特式建筑。为此，他写了两本著作：《建筑的七盏灯》（*The seven lamps of architecture*，1849 年出版）和《威尼斯的石头》（*The stones of Venice*，1853 年出版）

在《威尼斯的石头》一书中，作者解释从拜占庭式的建筑演变到哥特式建筑的过程、建筑的美德、装饰、哥特时代。有两点与我们的主题相关：第一，建筑应该具有两种美德——力量和美。为了获得这两种主要的品质，必须有具体和严格的原则。这引向第二点，这一点牵涉装饰的分类，或者装饰的资源。罗斯金喜欢以下 12 种资源[1]：

①抽象的线条。

②地球的形状。（晶体）

③水的形状。（波浪）

④火的形状。（火焰和光线）

⑤空气的形状。（云）

⑥有机形状。（贝壳）

⑦鱼。

⑧爬虫和昆虫。

⑨植物——茎和树干。

⑩植物——树叶。

⑪鸟。

⑫哺乳动物和人类。

---

① John Ruskin. The works of John Ruskin［M］. ed by Edward Tyas Cook, Allexander Wedderburn. London：Cambridge University Press, 2010, pp. 265-266.

第三点是装饰的处理。罗斯金把这一点分成两部分①：怎样表达装饰；怎样安排装饰。根据罗斯金的说法，一个装饰应该有两种功能：（1）在它所应用的位置上，它应该是美的；（2）它应该帮助建筑的其他部分获得一个好的效果。罗斯金希望所有的因素结合起来形成一个和谐的整体。

《建筑的七盏灯》专门研究中世纪的哥特式建筑：（1）贡献之灯；（2）真实之灯；（3）能力之灯；（4）美之灯；（5）生活之灯；（6）记忆之灯；（7）服从之灯。以上7点便是罗斯金给哥特式建筑总结出来的7种品质。这7盏灯应该成为威廉·莫里斯在建筑与家具实践方面的重要的参考理论。

对于罗斯金来说②，建筑不只是简单地建设一个仅满足基本居住需求的建筑物。建筑意指我们关注其日常功能以外的其他事物，关注更加高尚、更加卓越的个性。贡献之灯牵涉精神方面，即，奉献精神。

在实践中，我们贡献什么？在《建筑的七盏灯》里，罗斯金解释了两点：首先，建设者应该作出一些大的贡献来建设一个建筑物，这些贡献包括：劳动、成本和思考；然后，使用者一般喜欢建造者为了建设而投入了许多物质和精神的建筑物。

（三）矛盾

我们的问题指向机器的使用。1851年的伦敦国际博览会之后的十年里，从表面上看，反对工业化的批评家不断增加，但是事实上，矛盾也在不断地加剧。莫里斯思想和实践的矛盾是，他从理论上反对使用机器，但在实践中也使用机器。比如，他使用一个钻机来塑造那些椅子上的圆形。我们很难相信椅子的轮子和弯木都是纯手工制作的。

关于人的劳动和产品的价格。和约翰·罗斯金一样，莫里斯主张制造师应该多付出劳动，降低成品数量，提高成品的质量。罗斯金的主张仅仅适用于公共建筑的建设，如，教堂、博物，也仅仅为上层阶级服务。沿着罗斯金的理论道路，莫里斯在理论上想制造可以为大众服务的产品，而事实上，他却走向另一端。对于大众来说，他所制造的家具太贵了，因为大部分精美的家具构件均由手工操作做成，劳动成本投入得越多，产品价格就越高。③ 一些家具理论家们，比如，莱斯利·皮娜，同意这一观点，都认为莫里斯没有为大众服务，而是为少数人服务——精英。④

美国家具师古斯塔夫·斯帝克利（Gustav Stickley，1857—1942）是莫里斯的忠实

---

① John Ruskin. The works of John Ruskin [M]. ed by Edward Tyas Cook, Allexander Wedderburn. London：Cambridge University Press，2010，p. 283.

② John Ruskin. The works of John Ruskin [M]. ed by Edward Tyas Cook, Allexander Wedderburn. London：Cambridge University Press，2010，pp. 27-30.

③ ［美］莱斯利·皮娜. 家具史：公元前3000—2000年 [M]. 吕九芳，吴智慧，等，编译. 北京：中国林业出版社，2014：181.

④ ［美］莱斯利·皮娜. 家具史：公元前3000—2000年 [M]. 吕九芳，吴智慧，等，编译. 北京：中国林业出版社，2014：181.

的追随者。他也主张学习过去的家具，也对古典主义和新古典主义家具多有研究。

即便莫里斯和他那个时代的追随者们信奉约翰·罗斯金的理论，主张回归古典主义风格，他们的理论和实践还不构成现代主义，但是，他们的理论和实践最终引领了现代主义的趋势。

约翰·罗斯金是中世纪哥特式艺术的保卫者，他把哥特式建筑的观念进行理论化和系统化。威廉·莫里斯是罗斯金理论的实践者，他开启了工艺美术运动这路，其中的口号是：艺术为大众服务。为了对工业化进行反击，他主张回归中世纪哥特风格，并把古典家具演绎成为当代家具，其创新性表现在：用轮子取代椅子的脚，结构变化丰富，家具显得更加自由、更加有活力。莫里斯的艺术对当代和之后的建筑师和家具师影响很大。例如，在新艺术（Art Nouveau）时期，比利时建筑师和家具师亨利·凡·德·威尔德（Henry Van de Velde，1863—1957）便是莫里斯理论的继承者和发扬者。

三、功能主义

本节试图解释"功能主义"这个术语的意思，以及它在整个 19 世纪和 20 世纪初的诞生和演变过程。

（一）"功能主义"的含义

在过去的手工艺和当今的设计中，"功能"这个词可以涵盖两个方面：物质和非物质。物质方面主要是指实用功能，比如，椅子所提供的"坐"的功能，床所提供的"睡"的功能。非物质方面可以包括心理功能、精神或者思想功能。过去的皇家坐具，尤其是宝座，这两个方面的功能都很重要。宝座的非物质性可以表现为政权、社会地位和财富的象征；宝座的非物质功能主要指向社会等级分类问题。

（二）从理性主义到功能主义

英籍德国学者尼古劳斯·佩夫斯纳（Nilolaus Pevsner，1902—1983）在其著作《现代建筑和设计的资源》中认为，在 17 世纪和 18 世纪，可靠性、适宜性、方便性和合理性已经在建筑中得到普遍认可。建筑设计进入理性主义阶段。[1] 英国画家威廉·霍加斯（William Hogarth，1697—1764）强调各个部分统一的重要性，因为只有达到统一才能达到整体美。1841 年，英国建筑师和理论家普金强调方便、适宜的必要性。奥古斯都·威尔比·诺斯摩尔·普金（Augustus Wellby Northmore Pugin，1812—1852）认为[2]，

---

① Nikolaus Pevsenr. Les sources de l'architecture moderne et du design ［M］. Eleonore Bille-De-Mot. Paris：Thames et Hudson，1993，p. 9.

② Nikolaus Pevsenr. Les sources de l'architecture moderne et du design ［M］. Eleonore Bille-De-Mot. Paris：Thames et Hudson，1993，p. 10.

功能主义应该是这样的：装饰的原则应该体现出装饰和预期功能的完美统一性，每一个建筑部分应该适应建筑本身的功能，各部分的结构应该体现出真实性。

米歇尔·索耐特的 14 号椅子应该是功能主义的典范。其结构的简单性符合美的要求，它的组装的方便性符合经济性的要求。它的实用功能是设计和生产的主要的目标；经济性则是必要的条件；各种构件的美和整体美则是审美价值所在。

根据以上理论，重点应该放在以下决定性的因素上：时间、物质成本、人力。如果米歇尔·索耐特加上一些装饰，生产时间将会增加，效率将会下降，椅子的价格将会提高。马克思已经解释商品的价格是如何确定的，他说：

> 价格由生产成本决定与价格由劳动时间决定是相同的，因为生产成本由以下两个因素构成：（1）原材料、机器磨损。也就是说，成本由工业产品构成，其生产消耗一定天数的劳动，它因此代表一定量的劳动时间；（2）直接劳动，其衡量的方法就是时间。①

人们不断追求商品的多样化，各种各样的博览会一个接着一个。从 1851 年的世界博览会之后，世界博览会每 5 年举办 1 次。1855 年，在巴黎举行；1862 年在伦敦举行；1867 在巴黎举行。这些世界博览会让各国展示它们的产品，这些产品也展示了各国人民的民族身份。因此，来自世界各地的各式各样的产品和文化相聚在一起。公众也因此敢于追求过去仅属于皇家贵族的产品。然而，无产阶级的购买力无法与资产阶级的购买力相比，前者买不起奢华的产品。但是，无产阶级也想拥有上层阶级所拥有的产品。更确切地说，他们想拥有（或者只买得起）这些产品的基本的实用功能。因此，制造商和发明者们为了满足人们不断增长的需求，采取了最明智的方法：不加装饰，减少劳动时间，只要实用功能和一定的审美价值。

（三）功能主义建筑师

19 世纪出现了一些功能主义建筑师，我们在此谈论其中几个，他们演绎功能主义的方法均不同。

1895 年，维也纳建筑师奥托·瓦格纳（Otto Wagner, 1841—1918）发表了他的理论宣言："不实用就不美。"② "装饰成为实用物品的美的一个障碍，美应该在功能上。当出现简单性的美，装饰成为看似无用的附加之物，"法国当代艺术史学家希尔维·科里耶（Sylvie COËLLIER）说。因此，奥托·瓦格纳的坐具的造型简单，没有附加的装饰物，重点放在实用功能上（我们将在下文中进一步谈论这一点）。

奥地利建筑师阿道夫·洛斯（Adolf Loos, 1870—1933）被称为第一个主张彻底消

---

① Karl Marx. Travail salarié et capital［M］. Paris：L'Altiplano，2007，p.39.
② Anne Bony. Le design［M］. Paris：La Rousse，2004，p.34.

灭装饰的建筑师。阿道夫·洛斯于 1893 年参观芝加哥的世界博览会，并于 1896 年回到维也纳，随后发了一系列的文章，宣誓消除装饰。① 在 1904 年的《陶瓷》这一篇文章里，洛斯说："如果我拿一个杯子来喝东西，这是为了喝。不管是水还是酒，是啤酒还是烧酒，杯子应该让我感觉到饮料是最美的。这是最重要的。"② 以此推理，如果我们用一张椅子，重要的是人能舒适地坐在椅子上，椅子应该提供最好的位置。

我们来读洛斯的一段话，这段话表明他想创造一种没有多余装饰的艺术：

> 您想要一面镜子吗？给您：它由一个女人端着。您想要一个墨水瓶吗？给您：一些水神在两个悬崖脚下泡澡。一个端着墨水瓶，另一个拿着沙子。您想要一个烟灰缸吗？给您：一个蛇纹舞者展示在您面前，您可以把您的烟灰点到她的鼻梁……我觉得这些东西太丑了。艺术家们会说：看，这是艺术的敌人。然而，不是因为我是艺术的敌人而觉得这些东西丑。相反，是因为我想保护艺术不被这些压迫者的侵害。③

在 1908 年，洛斯发表了一篇文章：《装饰与罪恶》（*Ornement and crime*）。文中，作者激烈地批判了装饰。根据我们讨论的主题，我们尝试把这篇文章归纳成以下 6 点：

（1）装饰是一种时间和金钱的损失，因为手艺人为这些装饰物投入许多成本。总之，装饰是资本的损失，这是一种对抗国家经济的罪恶。

（2）装饰是劳动力的损失，因此，它是人的健康的损失。

（3）装饰不再能够代表今天的文化；装饰也不能改善有文化的人的生活质量。

（4）简单性不是一种屈辱。简单性对抗那些依然还在工艺美术领域里劳动的人的观念。

（5）今天，人们的生活改变得很快，他们因为经济的原因而要求没有装饰的物品。这对于消费者来说，是合理的，他们不追求装饰的价值，不想为此付钱。对于劳动者来说，道理也如此，他们想通过更高的劳动效率换取更高的工资，不想为装饰浪费时间。

（6）当代工业要求商品能被快速更换。制造商希望消费者们快点换掉他们的家具。比如，每 10 年换一次，甚至每 3 年换一次。因为，家具的快速更新换代，促使人们快速生产新的家具，这样，工厂就能提供更多的工作岗位。

洛斯从经济角度考虑问题，所以主张简单性，反对装饰性。在洛斯的建筑中，整个建筑结构都为功能服务，没有多余的东西。墙壁上不用墙纸也不用雕塑来装饰。但是，在房间里铺上一张有彩色图案的地毯或者放一把有装饰图案的沙发总是可以接受的。很

---

①　Stéphane Laurent. Chronologie du design［M］. Paris：Flammarion，2008，p. 91.

②　Adolf Lools，Sabine Cornille，Philippe Ivernel. Ornement et crime［M］. Paris：Editions Payot & Rivages，2003，p. 33.

③　Adolf Lools，Sabine Cornille，Philippe Ivernel. Ornement et crime［M］. Paris：Editions Payot & Rivages，2003，pp. 61-62.

显然，洛斯的功能主义理论的重心放在建筑的基本结构上，而不在局部装饰上。

（四）中国哲学和功能主义

1. 文质彬彬

阿道夫·洛斯的同行，如，奥托·瓦格纳、约瑟夫·玛丽亚·奥布里奇（Joseph Maria Olbrich，1867—1908）和约瑟夫·霍夫曼（Josef Hoffmann，1870—1956）等，把建筑设计的重心放在功能上，但是他们并不完全否定装饰，而是适当地采用一定量的装饰手段。这种做法可以追溯到中国的儒家思想：文质彬彬（我们在上文已经谈过）。这个概念要求装饰与功能构成了一个和谐的整体。装饰应该协助强调功能，而不影响功能的表现。这个概念可以引向物品设计的简洁性。

"德"和"仁"是道家和儒家思想的核心。"过分"这个思想被老子和孔子看作不合理，这种观念在"德"和"仁"的范畴之外。这个信条可以应用到所有的领域，装饰不应该是例外。过分的装饰应该从物品的设计中消除，因为过多的装饰意味着过多的人力、过多的时间和过多的物质成本。因此，在中国哲学里，"豪华"和"奢华"都是不合理的。在功能和装饰谐调的前提下，必须节约造物的成本。

2. 节用

墨子（生卒年不详）的哲学与功能主义一致。

墨子主张节用，反对浪费。他认为，功能和舒适是两个基本因素，装饰不是必须的。[1] 节用原则是在一个矛盾的社会背景下产生的：一方面，物质生产受到极大的限制；另一方面，贵族阶层反先人之道，追求过分奢华的物品。比如，他们制造一艘船时，加上了与功能和舒适无用的镶嵌装饰。这种过分浪费导致消极的影响。墨子认为，为了制造这样的船只，妇女们不得不放弃手中的编织工作，参与到装饰工作中，所以人们饱受寒冷的折磨。男人们不得不放弃种植工作，投入到镶嵌工作中。结果，人们饱受饥饿的折磨。虽然墨子反对过分装饰，但是他不否定装饰的重要性，这一点与儒家思想一致。

从1900年开始，在建筑和家具领域中追求功能主义的趋越来越明显。如，亨利·凡·德·维尔德、奥托·瓦格纳、查尔斯·雷尼·麦金托什（Charles Rennie Mackintosh，1868—1928）、弗兰克·劳埃德·赖特（Frank Lloyd Wright，1867—1959）、约瑟夫·霍夫曼、勒·柯布西耶（Le Corbusier，1887—1965）等，在各自的领域中都曾扮演过重要的角色。1919年，包豪斯学校开始教学。起初的教学内容依然是工艺美术，然后才走向功能主义。包豪斯的学生马赛尔·布劳耶（Marcel Breuer，1902—1981）既是家具设计师也是建筑设计师，他从1920年起，对功能主义家具的发展作出了巨大的贡献。

对功能主义的偏爱表明两件事：装饰应该被去除；人们在日常物品的制造中应该考

① （战国）墨翟. 墨子［M］. 李小龙，译注. 北京：中华书局，2007：41.

虑到经济性问题。在这样的制造中，功能主义忽略了所有其他因素，仅仅强调实用功能性。所以，与以往不同，椅子不再具有象征性，而只有功能性。

道家、儒家、墨子和马克思的思想都与功能主义的原则一致。在西方国家，功能主义的开启人是米歇尔·索耐特，他从 1850 年起开始生产 14 号椅子系列。功能主义的第一个倡导人是阿道夫·洛斯。功能主义穿越建筑和家具设计史，陪伴着工艺美术运动（英：Arts and Crafts movement）、新艺术（法：Art Nouveau）和维也纳的分离派（德：Sezession）。包豪斯学校将功能主义广泛传播到全世界，20 世纪初期（甚至到 20 世纪 60 年代前），社会经济萧条，物质材料短缺，不能满足人们不断增加的物质需求。因此，功能主义的传播正好符合社会经济的要求。

四、从自然到现代主义

（一）自然的哲学

19 世纪，建筑师、细木工和家具设计师纷纷在自然中寻找灵感，这个趋势穿越工艺美术运动、新艺术和维也分离派，逐渐走向现代主义。

英语和法语单词"Nature"与汉语的"自然"相对应。但是汉语中的"自然"一词既不意指"本质"，也不意指"质量"和"性情"。它意指"自然界"，或者"自然的"事物。在老子的哲学中，"自然"有两个内涵。第一个与法语一样，是有生物的"自然界"。《道德经》第二十五章中说："……人法地，地法天，天法道，道法自然。"此处的"自然"既指"自然界"，也指"自然的法则"，或者"自然的哲学"。人类在自然界中生活，自然界给人类提供食物和气。"气"作为重要的概念被引入到建筑和中国传统绘画中。简而言之，自然界对人类意义重大。

在柏拉图的《理想国》中，苏格拉底认为，桌子只有一个形式，它是由上帝创造的，放在自然界中。手工艺人根据这个独一无二的形式制造其他桌子，所以他们是模仿者。如果我们跟随这个想法，"自然"的形式，或者"自然的"的形式，如，花或者其他植物的形式，都是上帝的创造物。借用这些植物形式的人类是模仿者，因为人类没有创造新的造型。因此，从自然界模仿而来的图案不是真实的，仅是一种假象。

从 1890 年起到 20 世纪初期，在建筑和家具领域里，有一种远离自然形式并走近几何造型的趋势。当建筑师—设计师努力创造一种新的形式时，出现了一个问题：他们可以避开不用上帝创造的自然界的形式，但是他们不可以避开不用建筑形式。建筑师们是在模仿上帝创造的建筑形式吗？根据自然，什么是建筑的唯一形式？什么是坐具的唯一形式？这是一个开放的问题。我们将看到 19 世纪和 20 世纪第一个 10 年里建筑师和家具设计师们不同的演绎方法。

（二）在自然的基础上追求新意

法国建筑师维奥莱特·勒·杜克从 1831 年到 1833 年在法国旅游，1836 年到意大利旅游，1850 年到欧洲各地旅游。1833 年 6 月 12 日，他在途中给他的父亲写了一封信，他说：

> 所以，当我认真地模仿风景时，我真的感觉很好。在我的特别的艺术和建筑中，我又向前迈进了一步。①

维奥莱特·勒·杜克在信中介绍 11 世纪到 13 世纪的法国建筑。他把哥特式建筑与自然联合起来，正如法国当代艺术史学家希尔维-科里耶所说的，维奥莱特·勒·杜克认为教堂和教堂里的柱子就像树木一样。

在英国，约翰·罗斯金和威廉·莫里斯主张中世纪的艺术风格，哥特式建筑中也有许多图案借鉴自然中的造型。莫里斯从自然界的事物中得到灵感，采用模仿、修改、变形、简化、概括等手法，把自然界的自然形态演绎成生动的图案，并应用在他的家具中，如《莫里斯椅》上的图案。

19 世纪的法国，在维奥莱特·勒·杜克之后，还有其他几位建筑师和细木工值得我们关注。在南锡，有埃米尔·加雷（Emile Gallé，1846—1904）。他出自一个靠制造家具发财的家庭，是新艺术设计师的代表之一，从 1880 年开始从事家具设计和制造职业。对于他来说，木材的质量非常重要，尤其是对于家具中的细木镶嵌环节。他在家具设计中也使用动物和植物造型和曲线。在巴黎，有一个小组叫"六人"（Les Six），其的成员包括：亚历山大·沙朋提尔（Alexandre Charpentier，1856—1909）、查尔斯·普莱米特（Charles Plumet，1861—1928）、托尼·塞勒斯海姆（Tony Selmersheim，1871—1971）、赫克托·吉马尔（Hector Guimard，1867—1942）、乔治·温切尔（George Hoentschel，1855—1915）和弗朗索瓦·鲁珀特·卡拉宾（François Rupert Carabin，1862—1932）。这个工坊的组织并不太严密，他们也在自然中寻找灵感。从自然中提炼出来的图案和曲线被应用在他们的家具和建筑中。"六人"的代表作是巴黎地铁入口的金属门，它由赫克托·吉马尔于 1900—1904 年设计，并同时投入使用。

现在我们谈论几位建筑师—设计师，他们的坐具在家具设计史上产生了深远的影响。

（三）亨利·凡·德·威尔德的坐具中的线性风格

亨利·凡·德·威尔德认为"线是一种力量"②。他在 19 世纪 90 年代设计的坐具以曲线为主要特征，20 世纪初期设计的坐具则以曲线和直线为主要特征。

1898 年，亨利·凡·德·威尔德设计了一张扶手椅（见图 5-4），曲线为其主要特征。靠背由 6 条竖弯木构成，并与扶手构成半个圈，包围住坐着的人。座位和靠背均有

---

① Françoise Berce. Viollet- le-Duc［M］. Paris：Editions du Patrimoine，2013，p. 12.

② Klaus-Jürgen Semach. Henry Van de Velde［M］. Lydie echasseriaud. Paris：Hazan，1989，p. 47.

软包料，上面的图案正是威尔德设计的新艺术风格的图案。靠背横木的中部向上凸起，这种表现手法在当时欧洲的坐具中很少见，它让我们想起明式家具中的官帽椅。

图 5-4　亨利·凡·德·威尔德，扶手椅，1898

　　可能有 4 个因素影响了威尔德的家具风格，它们分别是：威廉·莫里斯的艺术、新艺术运动、日本主义，还有绘画，尤其是梵·高的绘画。

　　1892 年，威尔德放弃绘画，转向应用艺术。① 虽然他当时并没有见识莫里斯本人，他却非常喜欢莫里斯的自然主义图案和生活方式。此前，作为画家，威尔德借鉴了米勒（Millet）的绘画中的伦理学。他的艺术风格有两方面特征：（1）技术方法论；（2）色彩和谐性。1894 年，威尔德有机会去梵·高的嫂子家里作客，并欣赏梵·高的绘画作品。他对其中的绘画线条很感兴趣。19 世纪末，日本主义在巴黎和布鲁塞尔传播，当威尔德去那儿短居的时候，他亲眼见过日本艺术（日常用品）。② 他从日本主义中得到灵感，并把它演绎到植物图案中。1894 年，威尔德说：

　　　　在那个时代，我被一种综合性表现手法或者某些教义所吸引，我似乎在寻找哲

---

　　① Klaus-Jürgen Semach. Henry Van de Velde［M］. Lydie echasseriaud. Paris：Hazan，1989，p. 13.
　　② Klaus-Jürgen Semach. Henry Van de Velde［M］. Lydie echasseriaud. Paris：Hazan，1989，p. 47.

学和审美的交叉点。我似乎在与一种生活规则接近，在这种生活规则里，艺术和美占优势。①

威尔德把一些前人的艺术汇总起来，比如，威廉·莫里斯、埃米尔·加雷，赫克托·吉马尔和 维克多·霍塔（Victor Horta，1861—1947）。威尔德有方法地综合、简化和抽象化前人所创造的自然造型和自然图案。他的家具成为艺术和审美的载体。

威尔德具有雕塑家的感觉，他追求第三维度。② 他把这种重要的感觉与绘画经验结合在一起，创造出具有雕塑美又有绘画美的家具。这是他的艺术价值的核心。大众对此认可并接受，并给威尔德带来了可观的经济效益。

从 20 世纪初起，威尔德的建筑和家具的结构变得更加简单，图案和造型更加抽象。在曲线的基础上，增加了直线。1907—1912 年期间，威尔德为他在魏玛（Weimar-Ebringsdorf）的家设计了一张扶手椅（见图 5-5），从中可以看出，莫里斯的影响以及现代主义色彩都很明显。

图 5-5　亨利·凡·德·威尔德，扶手椅，1907—1912

①　Léon Ploegaerts，Pierre Puttemans. L'œuvre architecturale de Henry Van de Velde［M］. Bruxelles：Atelier Vokaer，1987，p. 43.

②　Klaus-Jürgen Semach. Henry Van de Velde［M］. Lydie echasseriaud. Paris：Hazan，1989，p. 47.

威尔德将该椅子所有的木件均涂成白色，其整体色彩为浅色调，以期实现家具的色调与室内空间的色调谐调统一。扶手椅的前腿高，后腿较矮，使得靠背向后倾斜，让坐着的人感到舒适。前腿让我们想起先前的动物腿造型，4个脚略向内收拢，使整体结构成上宽下窄的造型，犹如一朵盛开的百合花，这也让人想起女性的优雅。两侧的扶手采用栅栏造型，这与靠背和座位上的竖条图案统一起来。

如果我们仅看威尔德的扶手椅，我们会发现这把椅子是全新风格，与过去的风格没有联系。如果我们把它与莫里斯椅放在一起比较，两者的联系便自然显露。他们的结构具有相似性。前腿均比后腿高，使得座位和靠背向后倾斜。扶手均成栅栏造型，但是"栅栏"的细节不同。威尔德的"栅栏"造型更加简化，成简化和几何化趋势。

如果工艺美术运动时期的莫里斯椅是对以往古典主义风格的新演绎，威尔德的新艺术风格的扶手椅则是莫里斯风格的新演绎。这体现了历史的承上启下的关系。虽然两者的关系密切，但是，莫里斯椅还不属于现代主义风格，相反，威尔德的椅子远离传统，追求一种新的造型，已经具有明显的现代主义特征：简单化、美、创新、抽象化、舒适。威尔德的设计风格也是包豪斯教育的支点。现代主义发展之路已经显现在我们的面前：古典主义↔工艺美术↔现代主义。符号"→"表明历史发展的先后顺序，"→"则表明后者向前者借鉴，前者是后者的基础和起源。

总之，威尔德的艺术从自然形式开始，然后一点一点地远离这种形式，走向现代主义。

（四）查尔斯·雷尼·麦金托什的高椅子

查尔斯·雷尼·麦金托什是苏格兰人，他首先是建筑师，然后是细木工和家具设计师。他的椅子最卓越的特征是高靠背。我们将围绕这个特征进行论述。

从19世纪70年代起，在苏格兰有一个反酒精运动[1]，说道者们反对酗酒。为了反对酗酒，人们开办足球俱乐部和茶餐厅。[2] 卡瑟琳娜·格兰斯顿（Catherine Cranston）在她的父亲的帮助下，于1884年开了她的第一间茶餐厅。从1896年起，她委托麦金托什作为建筑师、设计师和装饰师，为她的茶餐厅做设计，同时给麦金托什极大的自由发挥空间。[3] 正因为这个自由，麦金托什得以创造高靠背椅子。1897年，麦金托什为阿盖尔街（Argyle Street）茶餐厅设计并制造高靠背椅子。椅子高度是135.89cm，另一个特点是靠背上的椭圆形开缝。1900年，他为他的梅斯街（Mains Street）120号的公寓设计并制造了高靠背椅子。椅子高度达151.76cm。从1900年到1906年，他和他的妻子在那里居住。

1902—1904年，他为Hill House设计椅子（见图5-6）。其高度是140.97cm。镂空

① Charlotte & Peter Fiell. Charles Rennie Mackintosh［M］. Cologne：Taschen，1995，pp. 25-27.

② Jean-Claude Garcias. *Mackintosh*［M］. Paris：Fernand Hazan，1989，p. 13.

③ Charlotte & Peter Fiell. *Charles Rennie Mackintosh*［M］. Cologne：Taschen，1995，pp. 25-27.

的靠背成梯子和方格造型。正方形的座位有一层包料。椅子的结构简单、精致、稳固，看起来没有一个多余的构件。

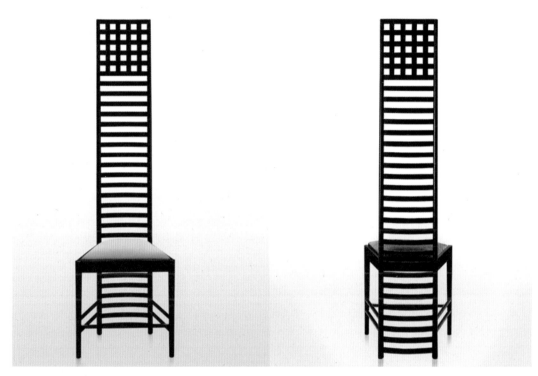

图 5-6　查尔斯·雷尼·麦金托什，Hill House 椅子
高：140.97cm，1902—1904

　　除了靠背之外，长直线和长曲线都是麦金托什在画图案或者做室内外装修时首选的表现手法。比如，他为 Hill House 的柜子画了垂直的长形图案。他也为格拉斯哥艺术学校（Glasgow）设计了垂直的长形窗户。

　　为什么麦金托什创作高靠背椅子和追逐长的造型？笔者认为其中有几个影响因素：自然、女性、日本主义和哥特式建筑。

　　我们首先谈论来自然界对他的影响。他对自然的兴趣可能来源于两个因素。首先，他的父亲威廉·麦金托什（William Mackintosh）是警察长，父亲在花园工作方面花了许多时间，并鼓励孩子们来帮他。[1]　其次，麦金托什是一经常生病的孩子，家庭医生嘱咐他多到室外进行体育锻炼，多放假休息。[2]　对于自然的兴趣体现在他的图案和绘画作品中，也体现在他的家具设计中。

---

[1]　Charlotte & Peter Fiell. Charles Rennie Mackintosh［M］. Cologne：Taschen，1995，p. 7.
[2]　Charlotte & Peter Fiell. Charles Rennie Mackintosh［M］. Cologne：Taschen，1995，p. 9.

在自然中，可能树木因其突出的高度最能吸引人的注意。树的高度可能使麦金托什感兴趣。然而，我们没有找到能够证实这个灵感来源的资料。可以肯定的是，他在装饰图案和家具造型设计中采用树、草和花等自然造型。

现在，我们谈论女性对他的影响。1900 年，麦金托什娶了玛格丽特·麦克唐纳（Margaret Macdonald），并与她合作一直到 1928 年他去世。1927 年，他应该向他的妻子说过："我的建筑作品的一半甚至是四分之三是你给的。"他还说过："玛格丽特有天分，我只有才华。"①以上的话体现了他对妻子的爱和赞赏。女性对他的影响，可能表现在不断提高的靠背上，我们通过回顾历史来证实这一点。1897 年，他还是单身男青年，他当时为格兰斯顿的茶餐厅设计的椅子的高度是 135.89cm。1900 年，他迎娶玛格丽特，他当时为他们的公寓设计的椅子的高度是 151.76cm。

在麦金托什的大部分图案中，女性总是被表现得特别高。这种偏爱可能来自日本主义艺术风格和女性主义运动。根据法国建筑批评家和巴黎第八大学的教授让-克罗德·加西亚（Jean-Claude Garcias），自由资产阶级的女性主义运动于 19 世纪末在格拉斯哥发起。资本家的女孩子们在艺术学校找到她们的表现空间。她们愿意嫁给贫穷而有希望的艺术家—手工艺人。19 世纪末，格拉斯哥与日本的经济关系往来给格拉斯哥带来了日本主义艺术风格。② 从 1876 年起，因为格拉斯哥人克里斯多夫·爵瑟（Christopher Dresser）的努力，日本的家具、版画、日常用品进口到苏格兰。他护送一批英国工业产品到日本帝国博物馆，并在日本停留 1 年时间。③ 自然，麦金托什在设计高靠背椅子（1896）之前已经受到日本艺术的影响，比如，花的图案。在日本艺术中，被表现得很高的女性形象通常与自然、长曲线结合在一起。

第三个因素是哥特式建筑。麦金托什了解当代的建筑理论家的文章。例如：奥古斯都·威尔比·诺斯摩尔·普金和约翰·罗斯金。

> 有活力的大建筑是人的需要和信仰的直接表达。……我们必须给现代思想添上新衣服，必须丰富我们的具有创造性的项目。我们必须要找有活力的人来为有活力的人创造作品，这些作品实现了个人的神圣和努力，以大自然的魅力、形式和颜色给人带来快乐。④

由此可知，麦金托什的建筑作品应该体现他自己的信仰（艺术信仰）或者当代人的信仰。这意味着他喜爱哥特式建筑，他要给这些建筑添加新的衣服，也就是要给它一种新形式。这种形式来源于大自然，是神圣性的物质化。露西·史密斯说，麦金托什的

---

① Charlotte & Peter Fiell. Charles Rennie Mackintosh［M］. Cologne：Taschen, 1995, p. 23.

② Charlotte & Peter Fiell. Charles Rennie Mackintosh［M］. Cologne：Taschen, 1995, p. 15.

③ Jean-Claude Garcias. Mackintosh［M］. Paris：Fernand Hazan, 1989, p. 17.

④ Charlotte & Peter Fiell. Charles Rennie Mackintosh［M］. Cologne：Taschen, 1995, p. 11.

高靠背椅子反映了某一种尊严、崇高和能力。① 这个分析完全与麦金托什的"神圣性的物质化"观念一致。实现精神功能物质化的建筑便是哥特式建筑所具有的能力。让-克罗德·加西亚也证实了哥特艺术对新艺术的影响，他说：

> 麦金托什和格拉斯哥4人组足以证明新艺术可以追溯到哥特艺术，借鉴了浪漫主义、工艺美术运动和象征主义。②

高靠背不仅作为身体和心理的保护，而且也创造了一个相对私人化的具有想象力的空间。这种空间很重要，因为它可以给喝茶的人一种安稳感、平静感、安慰感和私密感。

麦金托什用几何化的手法设计了一系列高靠背椅子。几何化具体表现在：自然造型，如花形，被转化、简化，然后被几何化。

五、奥托·瓦格纳的椅子的简单性

1902年，奥托·瓦格纳为维也纳邮政银行设计了办公用扶手椅（见图5-7、图5-8）。这款椅子属于工业产品，有3个原因：（1）它参与批量生产。（2）采用较轻的金

图5-7　奥托·瓦格纳，扶手椅，木和铝，1902

---

① ［英］爱德华·露西·史密斯. 20 世纪的视觉艺术［M］. 彭萍，译. 北京：中国人民大学出版社，2007：11.

② Jean-Claude Garcias. Mackintosh［M］. Paris：Fernand Hazan，1989，p. 29.

属材料：铝。（3）结构简单，突出实用功能，减弱审美功能。从历史角度来看，它也具有承上启下的特点。首先，它继承了以往坐具的两个因素：（1）中间有圆形凹陷的坐位与其下方的起加固作用的圆框架形成一实一虚的对比，这种表现手法可见于1850年索耐特设计的14号椅子系列。（2）4个脚借鉴以往的动物脚造型，并进行简化、抽象化和几何化。

其次，它也有创新点：（1）扶手、靠背和前腿连成一体，增加结构线条的流畅性。（2）两条后腿向外打开，与两条垂直的前腿形成对比，增加了结构的变化，让坐具显得更加有活力。（3）采用铝贴扶手前端，以及包4个脚，使用铝材料则是历史性革新。

图 5-8　维也纳邮政银行办公室里的瓦格纳的椅子

瓦格纳与其他奥地利前卫设计师一起，创办了奥地利美术联合会。1892 年，该联合会成为维也纳分离派，其口号是："Der Zeit Ihre Kunst-der Kunst Ihre Freiheit."① （每个时代都有它的艺术，每种艺术都有它的自由）这个口号被刻在维也纳分离派展览馆（建于 1897—1898）的外墙壁上。这种自由宗旨是追求一种新的形式。"新"这个词在此意味着"拒绝传统，追求个人自由"②，它在当时被广泛应用。瓦格纳的一个学生约

---

① Anne Bony. Le design ［M］. Paris：La Rousse，200，p. 34.

② Leonardo Benevolo. Histoire de l'architecture moderne 2，Avant-garde et mouvement moderne ［M］. Vera et Jacques VICARI. Paris：Bordas，1988，p. 36.

瑟夫·霍夫曼①认为，瓦格纳的新古典主义建筑（在 19 世纪末）是一种正式的建筑，它考虑到建筑的功能、材料使用的准确性。瓦格纳的家具设计原则应该与其建筑原则一致。

六、约瑟夫·霍夫曼的椅子中的几何学

约瑟夫·霍夫曼是奥地利建筑师—设计师，他于 1903 年建立维纳工坊（Wiener Werkstätte），从此，他创作出一系列造型独特的椅子。1905 年，他设计了一把扶手椅"机器椅"（Sitzmaschine，见图 5-9），"机器椅"后来成为他的椅子代表作。

图 5-9　约瑟夫·霍夫曼，机器椅，靠背可调节，1905

从"机器椅"这个名称来看，制作者把坐具与机器等同起来，这意味着当代的人与工业机器的关系很密切。从椅子的结构可看出，建筑、造型艺术和工业化对霍夫曼的家具设计观念影响是很明显的。我们甚至可以说，他把以下三者联合起来成为一个工业化实体：工业建筑、工业艺术和工业家具。靠背板和扶手支撑板的造型犹如中国传统木窗户。两条扶手均与同侧的前后腿相连成为英文字母"D"的造型。

设计师对点、线、面的巧妙应用使这把扶手椅成为构成主义家具中的典范。其中，

① Eduard F. Sekler. L'œuvre architecturale de Josef Hoffmann, monographie et catalogue des œuvres [M]. Marianne Brausch. Bruxelle：Pierre Mardaga，1986，p. 487.

在扶手下和坐板下的圆球构件，以及用于调节靠背倾斜度的球体（安装在扶手后端），可以归类为"点"。腿、扶手、扶手支撑"栅栏"、靠背框架，都可以归类为"线"。坐板、靠背中间板、扶手支撑板，均可统称为"面"。

此外，对霍夫曼的设计产生影响的因素还有 3 个：麦金托什的艺术、自然和意大利古代建筑。

1903 年，彼得·贝伦斯（Peter Behrens，1868—1940）来到英国和苏格兰，经他的引荐，麦金托什稍后与霍夫曼见面。麦金托什被邀请参加 1904 年维也纳分离派的展览。当时，麦金托什的设计在维也纳受到欢迎。约瑟夫·霍夫曼和科罗曼·莫瑟（Koloman Moser，1868—1918）的哥拉斯哥风格的原创性给（维也纳）人们留下了深刻的印象。[1] 麦金托什把几何图案、方格镂空木板、表面用白色绘画装饰表现手法带到奥地利。[2] 虽然霍夫曼喜欢麦金托什的设计风格，但他没有完全模仿麦金托什的表现手法。比如，麦金托什采用几何造型、自然造型；而根据美国建筑史学家爱德华·赛克勒（Eduard F. Sekler，1880—1976），霍夫曼主要采用几何造型。[3]

霍夫曼反对模仿历史。他关注功能、材料和他自己的思想。[4] 我们也知道，人的创造性是建立在历史基础之上的。当霍夫曼喜欢麦金托什的风格时，也就承认了麦金托什的风格对的思想产生影响，如果不模仿"典范"，也极有可能重新演绎"典范"。事实上，他确实在斯托克莱宫（Stoclet，1911 年建成）里采用竖长窗，这让我们想起麦金托什在格拉斯哥艺术学校（1909 年建成）所设计的竖长窗。

霍夫曼应该会欣赏他的老师奥托·瓦格纳，因为他的老师曾经激发学生们的学习愿望；但是，霍夫曼并不喜欢在学校里所学的内容。他在 1895 年毕业之前，获得了罗马大奖，并去罗马旅游。为了理解他的观念，我们有必要引用他于 1911 年在一次会议上的发言：

> 让我对我们所学的正式的建筑感兴趣，我做不到。我极力追求新的灵感……最终，我逃到乡下，我非常喜欢风景的简单结构，没有奢华也没有建筑风格，但是，这些简单结构可以给风景一个特别的个性。……最后，我来到了庞贝和帕埃斯图姆。……从此，我明白，最重要的是"环境"。不同建筑造型的正确使用没有任何意义。[5]

---

① Charlotte & Peter Fiell. Charles Rennie Mackintosh [M]. Cologne：Taschen，1995，p. 21.

② Charlotte & Peter Fiell. Charles Rennie Mackintosh [M]. Cologne：Taschen，1995，p. 21.

③ Eduard F. Sekler. L'œuvre architecturale de Josef Hoffmann，monographie et catalogue des œuvres [M]. Marianne Brausch. Bruxelle：Pierre Mardaga，1986，p. 25.

④ Eduard F. Sekler. L'œuvre architecturale de Josef Hoffmann，monographie et catalogue des œuvres [M]. Marianne Brausch. Bruxelle：Pierre Mardaga，1986，p. 55.

⑤ Eduard F. Sekler. L'œuvre architecturale de Josef Hoffmann，monographie et catalogue des œuvres [M]. Marianne Brausch. Bruxelle：Pierre Mardaga，1986，p. 87.

这段发言说明：霍夫曼喜欢简单的造型，或者简单的结构，没有奢华，没有挺直的大柱子。他考虑到"环境"问题，包括建筑物所在的自然环境和建筑的内外空间。这些建筑设计原则被应用到他的家具设计中。他的简化方法就是把造型进行几何化和联合的手法。

简单的造型和长直线都让我们想起霍夫曼的性格。在他的职业生涯之初，他说："大部分有创造性的艺术家不缺少才华，只缺少个性。"①设计史学家爱德华·赛克勒认为，霍夫曼很大方，很好相处，但同时我们也很难了解他，因为他沉默寡言。② 伯塔·朱克康德尔（Berta Zuckerkandl，1864—1945）是奥地利批评家、作家和记者，他经常与霍夫曼见面。伯塔·朱克康德尔于1904年在《装饰艺术》（*Dekorative Kunst*）杂志上发表了一篇大文章，他写道："霍夫曼的创作和个性平行。"③意思是霍夫曼的个性反映在他的创作上，个性的发展与创作的发展平行。综上所述，霍夫曼个性直爽、大方，这可以转化为大方的"长直线"。他沉默寡言的个性可以转化为冷峻的"机器"型设计。但是这种"冷峻"并没有让人反感，而是让人深思。人在沉思的时候，往往表现为"沉默寡言"。

七、安东尼·高迪的生物主义设计

西班牙建筑师——设计师安东尼·高迪（Antoni Gaudí，1852—1926）把法国建筑师和史学家维奥莱特·勒·杜克的著作当成圣经来学习，并与他的"模范"见面。在高迪的建筑和家具中，有机造型的灵感来源于自然和地中海。高迪说："Tout est issu du grand live de la Nature，les œuvres des hommes sont un livre déjà imprimé."④（一切皆来源于大自然这本大著作，人类的作品是一本已经印好的书）他认为，地中海的平衡的光线已经让众多艺术文化开花，真正的艺术基于地中海所给予的具体视觉上。⑤

高迪的生物造型风格的扶手椅（见图5-10）的构件可能让我们想到人体结构。靠背设计成"心"造型，这是设计师的爱心的表现，也可以看作一个小孩子的"头部"；坐板是圆形的，这让人想到小孩子圆圆的"腹部"。两条前腿正像小孩子的"腿"，脚

---

① Eduard F. Sekler. L'œuvre architecturale de Josef Hoffmann, monographie et catalogue des œuvres [M]. Marianne Brausch. Bruxelle：Pierre Mardaga，1986，p. 240.

② Eduard F. Sekler. L'œuvre architecturale de Josef Hoffmann, monographie et catalogue des œuvres [M]. Marianne Brausch. Bruxelle：Pierre Mardaga，1986，p. 231.

③ Eduard F. Sekler. L'œuvre architecturale de Josef Hoffmann, monographie et catalogue des œuvres [M]. Marianne Brausch. Bruxelle：Pierre Mardaga，1986，p. 243.

④ Antoni Gaudí，*Paroles et écrits*，réunis par Isidre Puig Boada，traduit du catalan par Annie Andreu-Laroche et Carles Andreu，Paris：L'Harmattan，2002，p. 74.

⑤ Eduard F. Sekler. L'œuvre architecturale de Josef Hoffmann, monographie et catalogue des œuvres [M]. Marianne Brausch. Bruxelle：Pierre Mardaga，1986，p. 72.

上还穿了"鞋子"；两侧的扶手完全像一个小孩子正伸出"双手"，等待另一双手来握住"它们"。这些人性化的元素可以让注视椅子的人产生情感共鸣。这与高迪的想法一致："Notre force plastique réside dans l'équilibre entre le sentiment et la logique."① （我们的造型力量来源于感情和逻辑之间的平衡）艺术家在这把扶手椅上所表达的感情和对感情的期待可以追溯到他的童年。高迪是一个孤儿，小时候被一个富人收养，这个富人还收养了其他几个孤儿。笔者认为，这把椅子除了想表达设计师对童年的回忆之外，再也没有更有说服力的解释了。

图 5-10   安东尼·高迪，扶手椅，1900

从 19 世纪 80 年代起，高迪的建筑与约翰·罗斯金于 1853 年提出的设计思想一致："建筑不仅突出日常功能，还有很多其他东西。"高迪的建筑并不属于功能主义，而是感情主义。为此，英籍德国艺术史学家尼古劳斯·佩夫斯纳对这个特征也作了评价：

> 功能性与新艺术的建筑和家具已经连接在一起，而他却蔑视功能的表现，这确实让我们感到惊讶：具有挑衅性的阳台上的栅栏、墙壁和非常弯曲的隔板，人们无法满意地依靠在一个家具上。意思是高迪只注重外在的形式，而没有突出功能性和舒适性。②

---

① Eduard F. Sekler. L'œuvre architecturale de Josef Hoffmann, monographie et catalogue des œuvres [M]. Marianne Brausch. Bruxelle：Pierre Mardaga, 1986, pp. 71-72.

② Nikolaus Pevsenr. Les sources de l'architecture moderne et du design [M]. Eleonore Bille-De-Mot. Paris：Thames et Hudson, 1993, p. 106.

高迪不想突出建筑和家具功能性，只想表现自己的思想和感受，我们可以从他的话中看到这一点，他说：

> 北方人很烦恼不安，他们抑制了感情。因为缺少光线，他们创造了幻觉；南方人生长在过多的阳光下，忽视合理性，并创造怪物。①

高迪的思想确实与众不同，甚至有点怪异。因此，他的建筑和家具看起来有点怪异，对此，我不应该再感到惊奇了。

根据高迪的话，以上的表现手法与他的过去紧密相连，因为人们应该在历史的基础上创造有价值的作品。② 此处的"历史"仅限于艺术家个人的经历。在艺术史方面，高迪所持的态度可能有些不同。通过怪异的造型，我们似乎可以看出他想远离艺术史所留下的痕迹，不受其影响。尼古劳斯·佩夫斯纳赞同这个观点，他认为高迪的作品表明了"他想与历史中断关系的愿望"③。但是，高迪真的能够远离艺术史吗？恐怕我们的想法偏离了高迪本人的想法，他说过："一个风格来源于另一个风格。"④ 事实上，他参考了哥特式建筑、摩尔建筑和车里哥拉（J. de Churriguera）的建筑。⑤ 他在艺术史的基础上对前人的风格进行修改、演绎和转化。

19世纪的建筑师和家具设计师们在自然的基础上寻找创新性。维奥莱特·勒·杜克把哥特式建筑与自然结合在一起。威廉·莫里斯追随普金的理论，把中世纪的艺术和自然结合起来，设计出自然造型图案，并应用在他的家具中。莫里斯的家具代表了工艺美术运动的思想特点。在法国，自然造型被广泛使用，包括：细木工埃米尔·加雷和前面所说的"六人"小组。西班牙建筑师——设计师安东尼·高迪在他的建筑和家具中则采用生物主义造型。

从19世纪90年代起，一些建筑师想远离自然造型。这种改变说明了社会上出现了走向现代主义的趋势。正如法国哲学家米歇尔·格林（Michel Guérin）所说："从广义的角度和几百年的历史来看，现代性的演变其实是一种'变性'。"⑥ 然而，这种"变

---

① Antoni Gaudí. Paroles et écrits［M］. Isidre Puig Boada, Annie Andreu-Laroche, Carles Andreu. Paris：L'Harmattan, 2002, pp. 71-72.

② Antoni Gaudí. Paroles et écrits［M］. Isidre Puig Boada, Annie Andreu-Laroche, Carles Andreu. Paris：L'Harmattan, 2002, pp. 81.

③ Nikolaus Pevsenr. Les sources de l'architecture moderne et du design［M］. Eleonore Bille-De-Mot. Paris：Thames et Hudson, 1993, p. 106.

④ Nikolaus Pevsenr. Les sources de l'architecture moderne et du design［M］. Eleonore Bille-De-Mot. Paris：Thames et Hudson, 1993, p. 81.

⑤ Leonardo Benevolo. Histoire de l'architecture moderne 2, Avant-garde et mouvement moderne［M］. Vera et Jacques VICARI. Paris：Bordas, 1988, p. 69.

⑥ Michel Guérin. Le nouveau et l'inédit（moderne / postmoderne? in L'art des années 2000, Quelles émergences？［M］. edd by Sylvie Coëllier；Jacques Amblard. Aix-en-Provence：Presses Universitaires de Provence, 2012, p. 118.

性"并没有否认而是强调了自然的重要性。并且提出一个新的问题：自然与几何的关系。

19 世纪末和 20 世纪初的一些建筑师—设计师在他们的建筑和家具中采用了几何造型。具体来说，查尔斯·雷尼·麦金托什采用自然造型和几何造型，最后以几何造型为主。奥托·瓦格纳在他的功能主义坐具里不用自然造型，而是采用简单几何造型，这说明他开始走向工业化。约瑟夫·霍夫曼采用几何造型，多用长直线。安东尼·高迪对哥特式建筑和摩尔建筑以及车里哥拉的建筑感兴趣；对地中海和自然也非常热爱，并从中找到设计灵感。因此，高迪以生物造型为媒介，表达自己的感情，他的风格属于个人情感性表现主义。

第六章　结　　语

在前面的章节结尾，我们都对椅子的发展脉络作了相应总结；在此，我们不重复这些内容，而总结椅子的形式、功能、设计、制造、使用等因素的个体的逻辑，以及个体之间的逻辑关系。

从椅子的演变这个角度来看，我们可以这样讨论椅子的形式与功能，如图 6-1 所示：

图 6-1　从形式到功能（一）

从古埃及起，椅子的基本结构已经确定，包括：靠背、座位、腿。这种形式是为了让人体在座的同时还能向后依靠，让人可以长时间地舒适地工作和休息。当人们想编织、学习、进食、讨论或者休息时，臀部比膝盖能更好地支撑身体，更加舒适，更加持久。椅子的形式给人提供（约定）一个舒适的姿势。椅子的形式应该是独一无二的。比如，我们不能把一台钢琴称为"椅子"。如果我们把一台钢琴称为"椅子"，也许这采用了比喻的表达手法，但这不在我们讨论的范围。此外，一台钢琴不能给人的臀部和背部带来舒适感。椅子的形式应该是符合人体工程学标准的（见图 6-2）。

图 6-2　从形式到功能（二）

自从发现舒适的"垂腿坐姿"，人类一直在改进椅子的形式，以让它提供更好的舒适感。但是不管怎么变，椅子的基本结构没有改变，依然保留靠背、座位和腿。人们追求的"舒适"是身体的、心理的、思想的和视觉的。人与椅子的接触产生以下的神经活动：视觉、触觉、感觉和知觉等。实现这种舒适需要一定的劳动和一定的财富，因为财富的拥有与椅子的形式相符合。普通人不太可能使用奢华的椅子；同样，国王也不太可能使用普通人的简单椅子。也就是说，一张椅子可以揭示或者象征主人的身体。因此，一张椅子可以具有物质功能和非物质功能（见图6-3）。

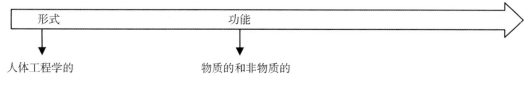

图 6-3　从形式到功能（三）

人类在历史的长河中形成一种习俗：既然椅子的唯一的形式可以提供两种不同性质的功能；反过来，人类在一定的历史时期内将这两种功能当成椅子这种特别形式的必要条件，即这样的功能要求这样的形式。因此，在形式与功能之间存在一个必要联系。我们可以用图6-4表示：

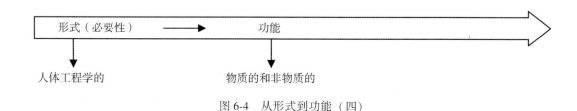

图 6-4　从形式到功能（四）

从能力、财富、社会地位等身份问题来看，既然椅子具有象征功能，艺术家们有理由把它带入艺术作品中：绘画、使用和转化，这是19世纪开始出现的现象。这两种功能构成了（关于椅子的）艺术作品的出发点。

每一个词均有一定的功能。人们使用一些词构成一个句子，这是为了表达人们想说的内容。当人们想"制造"物品时，人们不会用"吃"这个词作为表达这种行为的动词。在当代艺术中，"椅子"是一种重要的材料，人们使用它或者将之应用到艺术辩论中（即，艺术作品），目的总是表达椅子的物质功能或者精神功能，而不是赋予别的内涵。这种功能可以用图6-5所示：

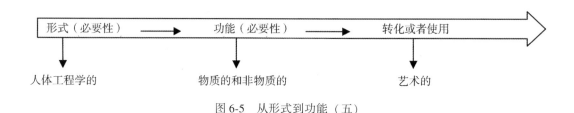

图 6-5　从形式到功能（五）

以上图示清楚地解释了从形式到艺术作品的历史演变和逻辑，但是却掩盖了两个重要的事实：第一个是形式的永恒发展性；第二个是实用形式和艺术形式之间的关系。

自从椅子传入中国以来，它的形式就永不间断地在发展。在这个发展过程中，出现了许多与椅子的双重功能有关的行为：制造、改变、模仿、创造、打破、变形、使用等。这些行为改变了椅子的形式，构成了家具史和椅子转化成为艺术作品的历史。

从古代到现在，从实用形式到艺术形式，虽然椅子的形式在演变，人体工程学的问题没有改变，反而越来越清晰，因为一件与椅子有关的艺术作品不可能创造出一种新的椅子形式，艺术作品的创作也没有这个目的，椅子的基本（唯一）形式永远是由一个座位、一个靠背和3~4条腿构成。如果艺术作品以"椅子"的名誉借用其他的形式，这种形式也很难表达椅子的双重功能，以及由双重功能所引出的问题。因此，椅子的实用形式应该覆盖椅子的整个历史线条，后者分流出艺术形式。反过来说，艺术形式从属于实用形式范围。从此导出的原则是：分流出来的艺术形式不能否认实用功能。如果有一天，人类不再使用我们现在所认知的椅子，未来人类的坐与坐具的内涵将与今天的不同，与之有关的艺术作品（如果有）的内涵也将不同。为了指明实用形式和从中分流出来艺术形式之间的关系，我们的图示可以用图 6-6 表示：

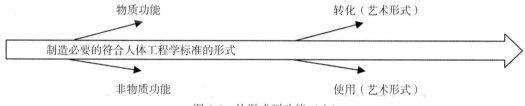

图 6-6　从形式到功能（六）

实用形式和艺术形式构成了椅子的历史导线，这也是本书的历史导线。现在，我们的问题应该回到那些影响这两种形式的因素上来。为此，我们已经谈论到哲学、审美、文化、经济、历史、语言逻辑、心理学、文学、艺术、个人历史、个人财富、个人品位、个人权力。这些都是影响和塑造椅子的实用功能和艺术功能的因素，这些因素之间的相互作用可以用图 6-7 表示：

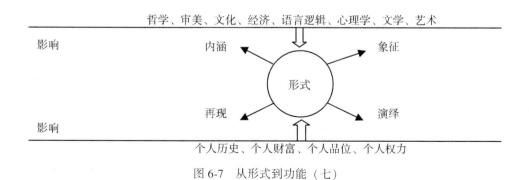

图 6-7　从形式到功能（七）

这些因素与椅子之间的关系应该是互动式的。我们可以说：椅子的形式反映（或表现、再现、表达、解释、演绎、象征、表明）了这些因素。然而，这并不意味这些因素和椅子的形式之间存在相似性。美国哲学家尼尔森·古德曼说："有没有可能，如果 A 表明 B，那么 A 代表 B，条件是 A 完全像 B？"① 古德曼的假设是成立的，但是，在椅子这个例子里，情况是不同的。椅子拥有一个受众多因素影响的形式，它反过来可以表明和代表这些因素，而不需要像这些因素。比如，椅子可以代表某个民族的某段时期的文化，但是椅子不需要（不能）像这种文化。又如，人们通过图坦卡蒙的宝座认识埃及文化、哲学、宗教以及法老的个人品位，但是，这个宝座以什么方式像这些因素？我们可以得出一个结论：物质性可以表明非物质性，但是物质性与非物质性没有相似性。

然而，椅子的形式本身没有能力"意指"我们想表达的内容。"意指"是我们的应用语言的一个功能。德国语言逻辑学家和哲学家路德维希·维特根斯坦说：

当我们说"语言中的每个字意指某样东西"这句话时，除非我们已经准确地解释了我们想区别什么，不然，这等同于我们什么都没有说。②

一张既没有被出售也没有被使用过的新椅子可以代表（体现）影响它的事物，但是它不能"意指"任何事物。比如，我们可以生产一系列相同形式的椅子，如，索耐特的 14 号椅子系列，如果这些椅子还没有被具体某个人购买或者使用，椅子的形式和存在也只能反映或者象征影响它的设计的因素。

椅子通过什么或者怎样"意指"？如果索耐特的 14 号椅子系列分别被多个人使用，这将导致出现多种意义和内涵，其差异性将视具体情况而定。所以，我们必须回到"具体某个人的椅子"的问题上来。

当我们说"某人的椅子"时，这就意味着我们把这把椅子的存在和它的（永久的或者暂时的）主人的存在联系在一起。比如，句子"图坦卡蒙的椅子"包含了这把椅子的存在和图坦卡蒙的存在。因为椅子和人被紧密地联系在一起，某个人的椅子的存在与这个人的身份统一起来。如果这个人有一种权力，那么，他的椅子也有一种类似的"权力"。虽然，椅子所具有的"权力"是想象的，但它却是真实的、可靠的，这得益于其主人的可以鉴别的身份。必须说明的是：图坦卡蒙的椅子不可能"意指"拿破仑·波拿巴的思想，拿破仑·波拿巴的宝座不可能"意指"毛泽东的思想。所以，椅子与某一个人之间的直接联系是有关问题的意义和内涵的必要前提。

---

① Nelson Goodman. Langages de l'art [M]. Nîmes：Jacqueline Chambon，1990，p. 35.
② ［英］路德维希·维特根斯坦. 哲学研究 [M]. 蔡远，译. 北京：中国社会科学出版社，2009：7.

参 考 文 献

Joseph Beuys, Volker Harlan. Qu'est-ce que l'art［M］. Laurent Cassagnau, Paris：l'Arche, 1992.

Sylvie COËLLIER. Histoire et esthétique du contact dans l'art contemporain［M］. Aix-en-Provence：Publication de l'Université de Provence, 2005.

Anny LAZARUS. La critique d'art contemporaine chinoise［D］. sous la direction de Sylvie Coëllier 论文答辩于 2015 年, Aix·en·Pronvence：Aix-Marseille Université.

［英］爱德华·露西·史密斯. 20 世纪的视觉艺术［M］. 彭萍, 译. 北京：中国人民大学出版社, 2007.

Anne Bony. Le design［M］. Paris：La Rousse, 2004.

BFrançoise Berce. Viollet-le-Duc［M］. Paris：Editions du Patrimoine, 2013.

Leonardo Benevolo. Histoire de l'architecture moderne 2, Avant-garde et mouvement moderne［M］. Vera et Jacques VICARI. Paris：Bordas, 1988.

陈于书, 熊先青, 苗艳凤. 家具史［M］. 北京：中国轻工业出版社, 2009.

［德］飞苹果. 新艺术经典：世界当代艺术的创意与体现［M］. 吴宝康, 译. 上海：上海文艺出版社, 2011.

董伯信. 中国古代家具综览［M］. 安徽：安徽科学技术出版社, 2004.

Eduard F. Sekler. L'œuvre architecturale de Josef Hoffmann, monographie et catalogue des œuvres［M］. Marianne Brausch. Bruxelle：Pierre Mardaga, 1986.

Charlotte & Peter Fiell. Charles Rennie Mackintosh［M］. Cologne：Taschen, 1995.

Charlotte & Peter FIELL. Moderne chairs［M］. Cologne：Taschen, 2002.

高丰. 中国设计史［M］. 北京：中国美术学院出版社, 2008.

Lauernt Stéphane. Chronologie du design［M］. Paris：Flammarion, 2008.

李立新. 中国设计艺术史论［M］. 天津：天津人民出版社；北京：人民出版社, 2011.

李宗山. 家具史话［M］. 北京：社会科学文献出版社, 2012.

Adolf Lools, Sabine Cornille, Philippe Ivernel. Ornement et crime［M］. Paris：Editions Payot & Rivages, 2003.

Edward Lucie-Smith. Histoire du mobilier［M］. Florence Lévy-Paoloni. Paris：Thames & Hudson, 1990.

Nikolaus Pevsenr. Les sources de l'architecture moderne et du design ［M］. Eleonore Bille-De-Mot. Paris：Thames et Hudson，1993.

［美］莱斯利·皮娜. 家具史：公元前 3000—2000 年［M］. 吕九芳，吴智慧，等，编译. 北京：中国林业出版社，2014.

Léon Ploegaerts, Pierre Puttemans. L'œuvre architecturale de Henry Van de Velde，［M］. Bruxelles：Atelier Vokaer，1987.

John Ruskin. The works of John Ruskin ［M］. ed by Edward Tyas Cook，Allexander Wedderburn. London：Cambridge University Press，2010.

Sarnitz August. Adolf Loos，1870-1933，Architect，Cultural critic，［M］. Cologne：Taschen，2003.

Klaus-Jürgen Semach. Henry Van de Velde ［M］. Lydie echasseriaud. Paris：Hazan，1989.

The Architectural League of New York. 397 Chairs ［M］. New York ：Harry N. Abrams, Inc.，Publishers，1998.

Shi Xiang Wang. Mobilier chinois ［M］. Paris：Edition du Regard，1986.

王受之. 世界现代设计史 ［M］. 北京：中国青年出版社，2013.

Joanne Berry. The complet Pompeii ［M］. New York：Thames & Hudson，2007.

Briant，Pierre. Darius，les perses et l'empire ［M］. Paris：Gallimard，1992.

［英］保罗·卡特里奇剑桥插图古代希腊史 ［M］. 郭小凌，等，译. 济南：山东画报出版社，2007.

Furio Durando. Greece：Splendours of an Ancient Civilization ［M］. London：Thames et Hudson，1997.

［美］安田朴. 中国文化西传欧洲史 ［M］. 耿昇，译. 北京：商务印书馆，2013.

Jean Favier. Charlemagne ［M］. Paris：Fayard，1999.

［美］彼得·盖伊. 启蒙时代（上）［M］. 刘北成，译. 上海：世纪出版社，上海人民出版社，2015.

吕思勉. 中国通史 ［M］. 北京：中华书局，2015.

Simon Schama. The embarrass of riches ［M］. New York：Vintage，1997.

［美］罗伊·T. 马修斯，得维特·普拉特. 西方人文读本 ［M］. 卢明华，计秋枫，郑安光，译. 上海：东方出版社，2007.

［美］罗伊·T. 马修斯，得维特·普拉特. 西方人文读本 ［M］. 胡鹏，苏政，注释，海南出版社，2013

Richard T. Neer. Art & archaeology of greek world, a new history, c. 2500—c. 150 BCE. ［M］. London：Thames & Hudson，2012.

张国刚，吴莉苇. 中西文化关系史 ［M］. 北京：高等教育出版社，2006.

澹台卓尔. 椅子"改变"中国 ［M］. 北京：中国国国际广播出版社，2009.

常卫国. 劳动论：《马克思恩格斯全集》探义 ［M］. 辽宁：辽宁人民出版社，2005.

冯友兰. 中国哲学史（上）［M］. 上海：华东师范大学出版社，2010.

冯友兰. 中国哲学史（下）［M］. 上海：华东师范大学出版社，2010.

GAARDER, Jostein. Le monde de Sophie ［M］. Paris：Seuil, 1995.

Jean-Michel Guerin. Qu'est-ce qu'une œuvre? ［M］. Arles：Actes sud, 1986.

刘纲纪. 艺术哲学 ［M］. 武汉：武汉大学出版社，2006.

Karl Marx. Travail salarié et capital ［M］. Paris : L'Altiplano, 2007.

Jean-Paul Sartre. L'être et le néant, Essai d'ontologie phénoménologique ［M］. Paris：Gallimard, 1943.

Jean-Paul Sartre. L'existencialisme est un humanisme ［M］. Paris：Gallimard, 1996.

桑玉成. 马克思主义基础理论 ［M］. 上海：复旦大学出版社，2005.

［英］路德维希·维特根斯坦. 逻辑哲学论 ［M］. 王平复，译. 北京：中国社会科学出版社，1999.

［英］路德维希·维特根斯坦. 哲学研究 ［M］. 蔡远，译. 北京：中国社会科学出版社，2009.

［德］西格蒙德·弗洛伊德. 达·芬奇的童年回忆 ［M］. 车文博，主编. 北京：九州出版社，2014.

Jean-Pierre Cometti. Esthetique Contemporaine：Art, Representation Et Fiction ［M］. Paris：Presses Universitaires de France, 2002.

Goodman, Nelson. Langages de l'art Nîmes ［M］. Jacqueline Chambon, 1990.

叶朗. 中国美学史大纲 ［M］. 上海：上海人民出版社，1985.

朱光潜. 西方美学史 ［M］. 江苏：凤凰出版传媒集团/江苏文艺出版社，2008.

黄忏华. 中国佛教史，［M］. 北京：东方出版社，2008.

赖永海. 中国佛教文化论 ［M］. 北京：中国人民大学出版社，2007.

谢路军. 中国道教文化 ［M］. 北京：九州出版社，2008.

谢路军，潘飞. 中国佛教文化 ［M］. 长春：长春出版社，2011.

佛光星云. 佛教史 ［M］. 上海：上海辞书出版社，2008.

致　谢

感谢我的导师西尔维·科里耶（Sylvie COËLLIER），她是法国当代艺术历史学家，法国艾克斯-马赛大学教授，曾任艾克斯-马赛大学艺术学研究室主任。作为导师，她认真指导我的研究工作，多次阅读和批改我的论文，帮助我找到前进的方法和方向，给我提供设计、艺术、美学、哲学、文化等方面的信息，传授给我研究方法，使我能深入研究我的课题。

感谢广西艺术学院资助本书的出版。感谢广西艺术学院的领导，感谢科研创作处的领导和老师，感谢设计学院的领导和科研负责人。感谢所有支持我的研究工作的老师、同事和同学。

农先文

2017 年 12 月